應用昆蟲學
——蟲害管理

Text Book of Applied Entomology
—Pest Management

N. S. Talekar（戴樂楷）、蕭文鳳　著　　五南圖書出版公司 印行

作者序

　　作為大學教師，我們在臺灣三所大學和其他國家的大學部、研究所開設了植物保護學課程，其中的農作物害蟲管理單元，教授時間更長達 25 年以上，N. S. Talekar（以下簡稱 NST）也曾在中國與印度的大學任教。這本教科書是我們在課程教學及學生互動經驗下的結晶，為了更有順序地講授害蟲知識，將本書分為三個部分：(1) 昆蟲外、內部結構與功能的基本知識；(2) 害蟲管理技術；(3) 臺灣重要經濟農作物的生物學、危害性質和害蟲管理。在第三部分中，強調了解重要經濟作物的害蟲生物學、危害性質以及害蟲發生季節，以便採取妥善的管理（防治）措施。在書中範例裡，使用殺蟲劑防治害蟲時（這已成為一種常見的害蟲管理工具），僅限使用臺灣政府推薦的殺蟲劑種類，是為了避免害蟲對殺蟲劑產生抗藥性，因為這將對包括臺灣在內的所有發展中國家產生巨大影響。

　　在這本教科書中的另一重點，是使用於糧食生產的常見術語，糧食生產「可永續性」或「可永續農業」。氣候變遷、全球暖化是世界各地正面臨的難題，與此同時，糧食生產也將受到影響。蟲害給人類造成了沉重的糧食損失，而嚴峻的氣候變化，更可能加劇蟲害問題，身為植保專家的我們，必須在這場與氣候、蟲害的糧食戰爭裡，擔負起重要角色。在這本教科書中，除了上述文字內容，也使用網路（Internet）設備以圖片方式，顯示害蟲和牠們的危害，以方便讀者識別害蟲，並採取可永續性的管理措施。

　　籌備本書過程中，NST 得到了國立中興大學國際農業中心的大力幫助。前主任申雍博士和現任主任黃紹毅博士，每年向 NST 發出聘書。我們也感謝辦公室工

作人員方韻筑小姐、羅文君小姐和簡均宇小姐提供了很多幫助，使 NST 能夠完成本書的英文原版。若非國立中興大學昆蟲學系的侯豐男教授，邀請 NST 自 2012 年 8 月起加入國立中興大學，並介紹他進入這所大學的國際農業中心授課，本書則無法起草。在此，NST 特別感謝侯教授。

　　本書是專門為我們的學生準備的，他們使我們成為更好的老師。

Slateker（戴樂楷）

蕭文鳳

目錄

第壹卷

昆蟲結構與解剖

在「植物保護」內容中 —— 保護農作物免受害蟲的危害 —— 是本書重要的主題，了解昆蟲的形態和解剖結構是相當重要的。這些知識將幫助植物保護從業人員找到解決有害生物問題的方法，並在不傷害環境的情況下，提高作物生產品質和產量。因此，設計合適的害蟲防治技術至關重要。昆蟲起源於人類起始前的千百萬年，牠們能長久生存繁殖，是由於其外骨骼和攝食習性，使其能夠適應環境變化。了解害蟲具有的口器和相關取食習慣，可以讓我們採取有效的植物保護措施；了解變態類型，可以使人們認識害蟲，進而明白其發育的哪個階段會引起損害，以及針對其最脆弱的部分，設計防治管理方法。本卷中提供的簡要資訊，將使植物保護從業人員理解各種管理實踐背後的邏輯，並促使人們開發對環境和健康更加安全的新措施。

第一章

緒論

一、何謂昆蟲？

在生物術語中，昆蟲是「節肢動物」（arthropoda；衍生自希臘單字「arthron」指關節，和「podos」指足）或具有足分節的生物。昆蟲亦是無脊椎動物（缺乏像人類和其他高等動物一樣的脊柱）與身體外部分節，除了六隻足外，還有其他分節的附肢。昆蟲具有外骨骼（exo＝外部），意味著牠們的骨骼在身體外，此與人類及脊椎動物骨骼在體內是不同的。其他生物如螃蟹、蝦、蜘蛛、蠍子、蜈蚣等都是節肢動物，但昆蟲具有以下明顯的相異特徵：

　　1. 昆蟲有明顯的三個體節：頭部、胸部和腹部；

　　2. 昆蟲在成蟲期具有三對分節的足。

　　昆蟲有時被稱為六足（hexapoda；「hexa」是指六，「poda」是指足；有六足之生物）動物，擁有二對翅，與足皆連接到胸部。成蟲期腹部有六至十節，在頭部有一對分節的觸角，觸角是牠們的感覺器官。

　　研究昆蟲的生物學專業稱為「昆蟲學」（Entomology），源自兩個希臘單字，「entomon」指「切成片或分節」，「insect」及「-logia」指科學研究，故昆蟲學是指昆蟲的科學研究。昆蟲學家（entomologist）是研究昆蟲各方面的科學家；包括形態學、解剖學、分類學、生物學、生態學、行為學或更多，以更了解昆蟲為唯一目的。昆蟲學是非常廣泛的領域，本質是應用科學。

　　昆蟲起源於超過 2 億 5 千萬年前，人類只不過起源於 1 百萬年前。作為獵食者與採集者，人類與昆蟲之間並未產生太大的問題，因為當時地球人類的數量稀少。隨著人口的增加，人類不再從事狩獵與採集，而是轉變為群聚生活，主要食物來源來自種植農作物或飼養動物。自此開始，遭遇到昆蟲攝取作物、傳染病害，導致降低作物產量的問題。牠們也成為致命疾病的媒介，傳播如瘧疾、瘟疫和其他疾病，這就是人們開始研究昆蟲的原因。對於早期的研究人員來說，首要任務是如何減少對人類財產的傷害 —— 作物、家畜和自己的健康。即使在今天，昆蟲學家產生的大部分新知識，廣義上也屬如何減少對人類及食物供應的損害。

二、何謂有害生物？

有害生物（pest）定義標準，是對人類（*Homo sapiens*）經濟上重要物種有害的任何一種動、植物（如：雜草）。經濟上重要的植物包括糧食作物、休閒植物（園藝植物）、藥用植物，以及森林樹木等。有害生物包括昆蟲、蟎類、壁蝨、野鼠、兔子、鳥類等。雜草生長在農業區，與農作物競爭土壤水分和養分，也會被視為有害生物。在本文中，植物病害肇因如真菌、細菌、病毒和線蟲亦被認定為有害生物。

三、昆蟲生活史

典型的昆蟲生活環包括四個階段：卵、幼蟲（larva）、蛹（pupa）和成蟲期。植食性昆蟲視物種而定，成蟲會在植物表面或體內、土壤內產卵。卵不取食，經過一段的孵化期後，成為幼蟲，通常一個卵孵出一隻幼蟲。所有昆蟲在幼蟲期是主要的取食階段，要為危害植物負起部分責任。發育完全的幼蟲會進入靜止期（除呼吸外並不活動），稱為蛹。蛹位於植物表面、植物體內或土壤中，視昆蟲種類而定。完成所需的「蛹期」後，蛹轉變為成蟲。有些成蟲以植物為食，如同幼蟲一樣造成損害，其他成蟲則依靠花蜜或植株上的露水存活。雌、雄成蟲交配後，雌成蟲開始產卵，繁衍後代。每個生命階段的時間長短，取決於溫度；通常溫度越高，每階段的時間越短。上述基本的生活階段在不同類群或「目」的昆蟲略有不同。

有一群昆蟲稱作「外生翅群」（exopterygota），此類昆蟲只進行三個階段：卵、若蟲（nymph）與成蟲，若蟲與成蟲兩階段皆取食植物，除體型有大小差異外，外觀相似，唯成蟲具翅而若蟲沒有。

四、昆蟲多樣性與豐度

昆蟲在體型大小、形狀、顏色、棲息地、取食習性等方面是高度多樣化的。有些進行長距離遷移，有些是定居原地。部分昆蟲體型比最大的原生動物還小，其他則大於最小的哺乳動物。牠們可能在土壤表面或土壤下、海洋、空氣中被發現，棲息在熱帶雨林、沙漠或苔原等。牠們攝食各式各樣的食物——綠色植物、枯木、動物屍體、糞便、其他外來物質，可適應極端氣候，以上皆是昆蟲數量如此龐大的原因。目前已知的昆蟲物種已經超過一百萬種，相當於世界上所有生物物種的 45% 以上。

五、為何研究昆蟲？

我們需要研究昆蟲有幾個原因，其中最重要的兩者，是保護我們的食物供應和身體健康。

（一）保護食物供應

我們種植農作物來作為人類與家畜的食物所需，昆蟲對農作物的任何損害都可能會減少糧食補給。取食棉花和林木的昆蟲，則會減少衣料纖維（布）和住家（木材建造的房屋）建材的供應。有些靠植物維生的昆蟲，雖不會造成原物料損害，但牠們在植株間傳播病害的行為，會減少作物產量，進而威脅到我們的日常生活。

（二）保護身體健康

昆蟲如蚊子、跳蚤等和其他幾種會傳播人類的疾病，如：瘧疾、黃熱病、登革熱、鼠疫等。這些疾病讓人類身體虛弱，從而耗損耕田或從事其他工作的能力，降低了人類生計。

　　為了發展適當的防治措施，以減少昆蟲對作物的危害，我們必須研究昆蟲。本書重點是研究如何減少危害人類食物和纖維供應的昆蟲。在臺灣，重要經濟作物有水稻、蔬菜與果樹，所以本書將著重於上述作物的害蟲。

六、昆蟲是作物害蟲

　　昆蟲與其他生物，包括植物病原體，會取食農作物或與作物競爭生存空間、營養和陽光（如：雜草），通常被稱為「有害生物」。這些生物除了昆蟲外，還包含蟎蜱、植物致病性真菌、細菌和病毒、線蟲、田鼠、鳥和雜草等。這些生物有權利攝食牠們需求的食物，但是，因為牠們以人類所種植的農作物維生，故我們稱之為「有害生物」。

　　為了設計妥當的措施以減少昆蟲對作物的損害，我們必須了解昆蟲如何取食？為何只取食某些植物？或只活躍於某一作物生長期等疑問，以及昆蟲如何繁殖，並增加其族群數量而導致更多的傷害。為了要了解所有現象，我們致力於研究昆蟲生物學、形態學、解剖學、生理學、生殖、生態、行為等。本書後續章節中，說明昆蟲造成的作物損害，以及如何防治此狀況並「管理」害蟲。

第二章

昆蟲形態

昆蟲是具有外骨骼（exoskeleton）或身體外部分節的無脊椎動物。其骨骼不同於脊椎動物，外骨骼位於身體外表（圖 2-1），人類和其他脊椎動物具有的內骨骼（endoskeleton），則是在體內。昆蟲的外骨骼提供了幾乎無限制的區域供肌肉附著，外骨骼的表皮或外殼硬化、骨化程度不同，因此又可作為包圍臟器的保護結構。

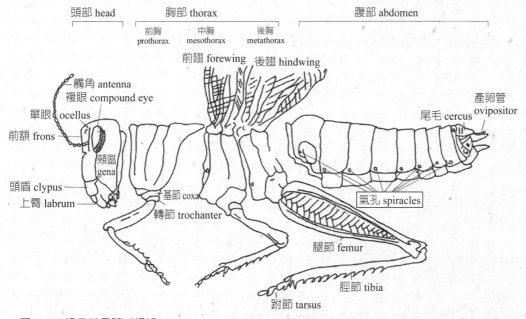

圖 2-1. 蝗蟲外骨骼（根據 *Crop Pests and How to Fight Them*, Directorate of Publicity, Government of Bombay, Bombay, 1956）。

一、表皮或體壁（Cuticle or Integument）

昆蟲表皮 60-70 微米（μm）厚，是由上表皮（epicuticle）、外表皮（exocuticle）和內表皮（endocuticle）所組成。表皮下面是真皮（epidermis）和基底膜（basement membrane）。表皮是由皮下組織（hypodermal）的細胞分泌而成，且一開始是透明、柔軟、光滑和溼潤的。大多數的昆蟲，表皮會迅速變硬且轉變成暗色。

上表皮的最外層結構，是殺蟲劑穿透蟲體時的重要決定因素。上表皮通常由充滿類脂質或蠟質的一薄層鞣蛋白（tanned protein）所構成，它可能為油脂（蚜蟲）或厚層蠟（介殼蟲、木蝨）所覆蓋。最外層的蠟層下方是 cuticuline，這是與聚合苯酚（phenol）混合形成硬殼的蛋白質，此 cuticuline 約 3 μm 厚。上表皮可耐強酸，且不透水，但溶於強鹼，並可被脂肪溶劑如丙酮與氯仿所穿透。其功能是防止水分向外流失，從而保護昆蟲免於乾燥。

骨化的外表皮是黑色、乾燥及堅硬的，不溶於水。內表皮含 70% 的水及幾丁質的晶體，平行於表皮和嵌入節肢蛋白（arthropodin）、水溶性蛋白中。大多數昆蟲的表皮有孔道，從皮膜細胞穿孔至外表皮。

許多昆蟲的表皮層下有皮腺（dermal gland），它分泌蠟或油脂（如：蚜蟲科），腺體鑲嵌（glandular incrustations）（如：鞘翅目），或產生惡臭物質（如：鱗翅目）。另有部分昆蟲，特別是如蠅類、蜜蜂和胡蜂，表皮有毛或感覺器，插入小的圓形薄膜，即蜂窩狀膜（areolar membrane）內，該膜極薄，但能讓感受器移動。

二、分節（Segmentation）

昆蟲體外有一系列的體節（segments）、板片（plates）或不同硬度的骨片（sclerites）。體節或骨片是由很短的薄膜或外部溝槽（groove）、薄的窄線，有時由彈性的體壁所分開。許多體節是彼此不同的，例如：某些體節有附肢，如足與翅，有些則無；部分體節是可移動的，而相鄰的則融合。

典型的體節由「背板」（tergum）的背側（上側）骨化（硬化）區，和「腹

板」（sternum）的腹部（下方）硬化區所組成。形成背板的個別骨片稱爲背板
（tergites），而形成腹面者則稱爲腹板（sternites）。兩側的背板和腹板由一個稱
爲「腹膜」（plural membrane）的薄膜區域分隔。昆蟲體節分爲頭部、胸部和腹
部三個主要區域，以下依此順序描述。

三、頭部（Head）

頭是位於昆蟲身體前端的堅硬構造。有兩個開口：前開口爲口器（mouth-
parts），而後開口到胸部的第一節即前胸（prothorax）。成蟲頭部具有一對「複眼」
（compound eyes），位於「額區」（vertex）和「頰區」（genae）背側方之間，
並有一對「觸角」（antennae）位於更內側。某些昆蟲，有三個光源敏感的「單
眼」（ocelli），位於身體前面，呈一個三角形。頭部各個結構之間的細紋（溝
槽）被稱爲縫線（suture）。

（一）口器

頭部在前端，有取食用的口器。認識不同群組昆蟲的口器，對植物保護專家
了解特定昆蟲所造成的危害是非常重要的。因此，本節將在此詳細討論。

上述任何口器的五個基本組成部分爲：

1. 上脣（labrum）

2. 下咽喉（hypopharynx）；一個「舌」狀結構。

3. 大顎（mandibles）

4. 小顎（maxillae）（maxilla，單數）

5. 下脣（labium）

上脣形成口腔頂端和覆蓋大顎的基部，大顎切割和壓碎食物，也可用於防
禦。通常牠們有一個尖端切區和底部來研磨食物，白蟻與甲蟲的大顎極堅硬，可
以切割硬質木材。大顎成對，大顎背後有小顎，每個小顎由基底部分的軸節（car-
do）及遠端的蝶絞節（stipe）組成。附著在蝶絞節的是分節的小顎鬚（maxillary
palp），在外側遠端有外葉（galea）和內葉（lacinia）。小顎成對，並協助大顎

處理食物。攝取食物前，尖銳的骨化內葉會握住並軟化食物。下脣分成兩個主要部分，近端下脣後基節（postmentum）和活動的遠端下脣前基節（prementum），下脣前基節通常帶有一對分節的下脣鬚（labial palps），後者接著兩對葉狀體（lobes）；內側是中舌（glossae）、外側稱為側舌（paraglossae）。在兩舌間是下咽喉（hypopharynx）或舌。

演化過程中，不同的口器類型自上述的基本設計衍生出來。口器通常是昆蟲同一個屬、科或目的所有成員的共同特徵。所以口器資料在分類和鑑定上相當有用。昆蟲的口器多樣化，且與攝食方法有關，植食性昆蟲中，較重要的是咀嚼式、刺吸式、舐吮式、虹吸式和銼吸式等類型（圖2-2）。

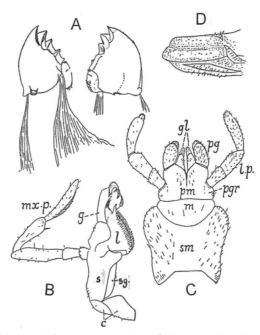

圖2-2. 昆蟲口器不同部位。此處之 *Blatta* spp. 的咀嚼式口器：(A) 大顎；(B) 小顎：*mx.p.* 為小顎鬚、*g* 為外葉、*c* 為軸節、*s* 為蝶絞節、*sg.* 為 subgalea、*l* 為內葉；(C) 下脣：*gl* 為舌、*l.p.* 為下脣鬚、*m* 為基節、*pg* 為側舌、*pgr* 為負脣鬚節、*pm* 為下脣前基節、*sm* 為下脣亞基節；(D) 下咽喉（根據 Imms, 1963）。

1. 咀嚼式（chewing type）：此類型的口器是典型和特化最少的。深度骨化的大顎有一切區，移動跨越另一邊，像剪刀一樣，首先切割，再磨碎植物。食物是由大顎及小顎的切割作用拉入口腔。咀嚼時，唾液與食物混合後，將食物團由大顎和下咽喉用力送入口中吞嚥。此口器類型出現於蝗蟲、蟋

蟀、螳螂、蛾、蝴蝶與甲蟲幼蟲，以及甲蟲的成蟲等。

2. 刺吸式（piercing and sucking type）：此類型的口器最常出現在蚊子、半翅目、雙翅目和跳蚤等。以椿象爲最典型，其口器包括下脣特化成外管，保護一對由大顎及小顎特化成的口針（stylet）。蚊子的口針是大顎、小顎或有時是下脣和上咽喉所特化。口針是鋒利的結構，用來刺穿寄主組織。成對的口針連結在一起，在內側形成溝槽，建構食物管道，可以吸入植物汁液或血液。此類型的口器常見於傳播植物以及人類的疾病的昆蟲，如蚜蟲和蚊子，分別爲半翅目和雙翅目。

3. 銼吸式（rasping and sucking type）：此類型口器介於刺吸式和咀嚼式間，擁有此類口器的昆蟲，只留有左大顎。左大顎及兩個小顎作爲口針，刺入和刮食植物組織，將植物組織淺傷口滲出的汁液吸入口中。此類型口器出現在薊馬，牠們是大量農作物植株的破壞性害蟲，更會傳播植物毒素病。

4. 虹吸式（siphoning type）：此類型的口器出現在蝴蝶和蛾類。口吻高度特化，只由極端延長的外葉和兩個小顎將中間包裹，藉由刺（spines）和鉤（hooks）相互鎖住。食管及唾液管通過此結構，當口吻不使用時則捲起。以花蜜爲食的蛾和蝴蝶具有此種口器，取食時，口吻伸長，藉此吸食幫浦將花蜜吸入胃。其他口器部位如大顎和下脣退化或消失，並未在食物的攝取中扮演任何角色。

5. 舔吮式（sponging type）：此類型的口器出現在家蠅。口吻主要由有海綿狀結構的下脣、大顎及無顎鬚的小顎所組成。在進食過程中，口吻降下進入食物，將唾液分泌物注入食物中，軟化和溶解或使其懸浮狀態，然後再將食物透過海綿狀的毛細管作用吸入。

6. 咀吮式（chewing and lapping type）：此類型是結合上脣與大顎類型（與咀嚼式相同），但小顎及下脣延長且緊密結合，形成一種吮舌（lapping tongue）。該中舌和下脣大幅延長，形成一個毛狀的、靈活的舌頭，可快速伸長及收縮，深入管狀花的蜜腺。這種類型的口器出現在蜜蜂和熊蜂。

上述所有口器出現在植食性昆蟲。對於取食其他物質的昆蟲，口器類型則有少許變化。特定群體的昆蟲口器形態演化，也取決於牠們的食物類型。不同類型的口器使昆蟲幾乎可進食所有的有機物。

（二）觸角（Antennae）

觸角為分節、成對、絲狀結構，從頭部前背面伸出。雖然它們的形狀及大小因昆蟲種類而不同，但在功能上，它們基本上是所有昆蟲必要的感覺器官。在某些物種中，雄性和雌性觸角的形狀、大小各不相同，此現象稱為雌雄異型（sexual dimorphism）。典型的觸角第一節為柄節（scape），第二節是梗節（pedicel），而其餘各節共同形成鞭節（flagellum）（圖 2-3），觸角形狀的變化是出現在鞭節，此變化可用於不同的科、屬、種的分類。各種類型的觸角及相關昆蟲結構都描繪於圖 2-4。

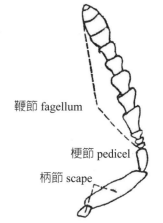

圖 2-3. 昆蟲觸角基本構造（根據 Imms, 1963）。

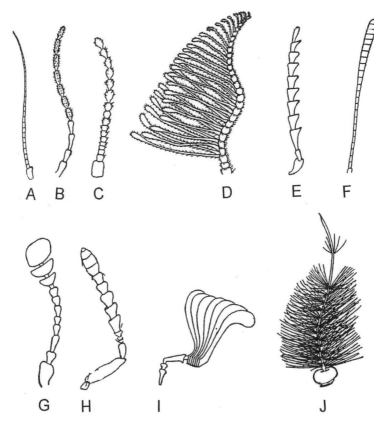

圖 2-4. 昆蟲觸角不同類型。(A) 鞭狀；(B) 絲狀；(C) 念珠狀；(D) 櫛齒狀；(E) 鋸齒狀；(F) 棒狀；(G) 球桿狀；(H) 膝狀；(I) 鰓葉狀；(J) 羽狀（根據 Imms, 1963）。

如上述，觸角的基本功能是感覺活動，如：感測農藥、溫度和溼度，但有一些昆蟲用其來捕捉獵物，而其他則用於交配時固定雌蟲。

（三）眼睛（Eyes）

如同大多數動物，昆蟲的眼睛位於身體的前段，即頭部，通常稱爲「複眼」（compound eyes），突出於頭部的前背側末端，各在兩側。複眼出現於所有成蟲和部分未成熟的「若蟲」（nymphs），是感光的器官。每一個複眼由許多個別的接受器或小眼（ommatidia）所組成，小眼的數量不一，從螞蟻的單一個小眼（單小眼）到蜻蜓超過三百個小眼。每一個小眼（ommatidium，單數）可接受來自不同角度、方向的光，從而讓視野區域更寬廣。

除了複眼外，某些昆蟲也具有「單眼」（ocelli），位於前額或頭部的頂點。已知每隻昆蟲最多單眼數量爲三個，於頭部前背側以三角形排列。單眼也是感光受器，但它們被認爲參與突然的照明變化，如：陰影或天敵接近時準備跳躍、飛行等反應。

四、胸部（Thorax）

昆蟲胸部爲身體的中間部分，由三節組成：前節稱爲「前胸」（prothroax）、中節爲「中胸」（mesothroax）和後節爲「後胸」（metathroax）。在功能上，胸部是身體活動的部分，因爲它具有足與翅。各胸節有一對足，一對翅則出現於中胸與後胸上，在中胸者稱爲前翅（forewings），在後胸者稱爲後翅（hindwings）。

每一個胸節有三個不同的區域：背部稱爲背板（tergum 或 notum），腹面稱爲腹板（sternum），並從橫向兩側連結背板及側板（pleuron，複數）。昆蟲的足出現在側板，翅則在腹板和側板連接處之間。氣孔（spiracle）是昆蟲呼吸系統的對外開口，通常在前胸和中胸、中胸和後胸之間的位置出現。胸節內部是由結實的肌肉組成，這些肌肉用來控制足和翅。

（一）足（Legs）

足是重要的運動器官，通常由下述六節組成：

1. 基節（coxa）
2. 轉節（trochanter）
3. 腿節（femur）
4. 脛節（tibia）
5. 跗節（tarsus）
6. 前跗節（pretarsus）

基節是昆蟲足的基部，它連結足及胸部。轉節是連結基節的小片，與腿節幾乎形成一個固定不移動的附節。腿節是昆蟲足的最大分節。脛節有時是一細長軸、有時與腿節一樣長。跗節分為二至五節，前跗節由一個單一的爪所組成，有時由一對可活動的爪和一或多個墊，或剛毛構成的。

在各種不同群體的昆蟲中，足已隨生活模式、棲息地及移動速度經歷多次特化。

（二）翅（Wings）

翅是主要的飛行器官，一對翅連接到中胸和後胸的每一個背板和側板之間。翅被認為是背板和體壁側板向外延伸的生長物，因此由兩層組成。每個翅有前緣（coastal margin）、外緣（apical margin）和後臀緣（posterior anal margin）。

翅是由縱向和橫向氣管框架或翅脈所強化，在許多情況下，可以看到血球（hemocytes）或昆蟲血液細胞在翅中循環。昆蟲翅脈在昆蟲種類中是變化多端的（圖 2-5），翅脈網絡或網狀結構在蜻蜓身上已非常發達，為靈活和強大的飛行者。在蝴蝶和飛蛾中，翅上下表面有鱗片，這些鱗片鬆散地附著，並且容易磨損。大多數昆蟲在飛行中，前翅和後翅是以各種連接裝置的形式連繫在一起，使得昆蟲以同步的方式拍動翅。

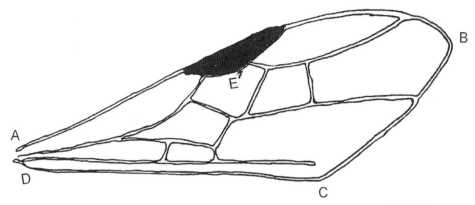

圖 2-5. 昆蟲翅顯示翅脈。(A)–(B)：前緣；(B)–(C)：外緣；(C)–(D)：臀緣；(E)：翅痣（根據 Imms, 1963）。

翅的形狀、大小和翅的一致性因不同分類群而變化，如甲蟲和象鼻蟲，前翅很厚、角質和拱形，被稱為鞘翅（elytra）。不飛行時，翅平置在身體上蓋住後翅，後翅則折疊在下。家蠅和蚊子則後翅非常小，細長且末端呈桿狀。

五、腹部（Abdomen）

昆蟲身體的第三至末節區域稱為腹部，節數從九至十一節不等。所有腹節非常相似，由背板和腹板組成，前八節通常有一對氣孔（呼吸系統的對外開口）。如果末節融合在一起或尺寸縮小，氣孔通常就不存在。

主要臟器（身體內部器官）如心臟、消化系統和生殖器官都位於腹部，雄蟲生殖器的開口在第九腹節，雌蟲在第八和第九節腹節。

雄蟲和雌蟲的外生殖器位於腹部末節。雄蟲陽莖（aedeagus）——將精子注入雌蟲身體的器官——經常會有各種不同程度的骨化或特化，足以防止種間之交配，除了陽莖，一對把握器（claspers）可在交尾時保持雌蟲的正確位置。大多數的昆蟲，陽莖和把握器都在第九腹節。

雌蟲的產卵管是將卵產在一個合適的寄主植物或微棲地的器官，出現在第八腹節，它由骨化管狀物所組成。產卵管的形狀、硬度和長度通常決定產卵的地點：在植物表面、土壤、樹皮下，或在寄主植物中的昆蟲進食處。蜜蜂和胡蜂的產卵管特化成螫針，已喪失產卵的主要作用。

第三章

昆蟲系統學：分類

　　至今已知昆蟲的數量超過一百萬種以上。為了有系統地研究大量相關物種，加以分類是相當重要的，首先要根據牠們容易辨認的外部形態，例如：觸角類型、口器與身體分節（頭部、胸部和腹部）的特徵，將牠們分為較小的組。近年來，生物技術工具的使用，使科學家能夠更詳細地進行此類工作。

　　主要根據其共通的外部形態特徵，將所有昆蟲物種與其他動物一併分類為各種門（phylum，單數）。昆蟲分在節肢動物門（Arthropoda；arthro = 分節；poda = 附肢）六足總綱（六足生物）下。在此亞門下，牠們又分為兩個綱：內顎綱（Entognatha）和昆蟲綱（Insecta）。內顎綱類的成員有六隻足，但是近年來，牠們不再被視為昆蟲，而是一個緊密相關的群體。

　　昆蟲綱根據翅之存在或不存在分為兩個亞綱，那些無翅的種類被放在無翅亞綱（Apterygota），而有翅的種類被放在有翅亞綱（Pterygota）。由於物種數量過多，每個亞綱又被進一步劃分為群，最後分為屬、物種，在某些情況下還包括亞種。基於這類要求，昆蟲分類如下：

一、昆蟲分類

節肢動物門（Phylum Arthropoda）

Sub-Phylum: Hexapoda (at times considered as Superclass Hexapoda) 六足總綱

Class: Entognatha (Informal Group: Entognatha: Non-insect Hexapoda) 內顎綱；內口綱

  Order 1: Collembola 彈尾目

  Order 2: Diplura 雙尾目

  Order 3: Protura 原尾目

Class: Insecta (Ectognatha; True insects) 昆蟲綱；外顎綱；外口綱

Subclass: Apterygota 無翅亞綱

  Order 1: Archaeognatha 古口目；石蛃目

  Order 2: Zygentoma 衣魚目

Subclass: Pterygota 有翅亞綱

Division： Paleoptera 古生翅類

  Order 1: Ephemeroptera 蜉蝣目

  Order 2: Odonata 蜻蛉目

Division: Neoptera 新生翅群

Subdivision: Polyneoptera 複新生翅亞群

  Order 1: Plecoptera 襀翅目

  Order 2: Dermaptera 革翅目

  Order 3: Zoraptera 缺翅目

  Order 4: Orthoptera 直翅目

  Order 5: Embioptera 紡足目

  Order 6: Phasmatodea 螩目

  Order 7: Grylloblattodea 蛩蠊目

  Order 8: Mantophasmatodea 螳螩目

Order 9: Mantodea 螳螂目

Order 10: Blattodea 蜚蠊目

Subdivision: Paraneoptera 次新生翅亞群

Order 1: Psocodea 嚙蟲目

Order 2: Thysanoptera 纓翅目

Order 3: Hemiptera 半翅目

Subdivision: Holometabola (Endopterygota) 內生翅亞群

Order 1: Neuroptera 脈翅目

Order 2: Coleoptera 鞘翅目

Order 3: Strepsiptera 撚翅目

Order 4: Diptera 雙翅目

Order 5: Mecoptera 長翅目

Order 6: Siphonaptera 蚤目

Order 7: Trichoptera 毛翅目

Order 8: Lepidoptera 鱗翅目

Order 9: Hymenoptera 膜翅目

內顎綱（或內口綱，Entognatha）：像昆蟲一樣，牠們是六足動物，過去被認為是昆蟲，但經過詳細研究，現在被認為是六足動物而不是昆蟲。口器是內口式，意指口器內縮至頭內。牠們與昆蟲密切相關，這個群有三個目：彈尾目（Collembola）、雙尾目（Diplura）和原尾目（Protura）。

第一目：彈尾目（Collembola；kola = 膠；embolo = 釘）

體型小，內口式，咀嚼式口器，觸角四節，無跗節。腹部有六節，有時融合在一起。第一節帶有吸盤，如腹管，第四節通常帶有叉狀彈器。該目的例子是跳蟲（spring tails）。

第二目：雙尾目（Diplura；diplos = 雙；oura = 尾）

體型小，無眼，幾乎沒有色素，帶有念珠狀觸角。口器為咀嚼型和內藏式。腹部末端有變化的尾毛或沒分節的鉗子，無中尾絲；腹足突起（styli）和通常有突出之囊器（vesicles）。無產卵器。跗節一節。

第三目：原尾目（Protura；protos = 第一；oura = 尾）

體型微小無色，無眼睛或觸角，口器內藏式，穿刺用。腹部十一節，最後一節形成尾節，缺尾毛。

二、昆蟲綱

（一）無翅亞綱（Apterygota）

屬於本亞綱的昆蟲是無翅的。這類昆蟲被進一層分為兩目 —— 石蛃目（Archaeognatha）和衣魚目（Zygentoma）。

第一目：石蛃目（Archaeognatha）

屬於本目的昆蟲是身體中等大小，細長，圓柱形。複眼大，在頭部中間有三個單眼，觸角多節。本目的典型例子是石蛃（bristletail）。

第二目：衣魚目（Zygentoma）

屬於本目的昆蟲其腹背平坦而無翅。觸角多節；小顎鬚五節；尾毛多節。複眼和單眼可能存在、退化或不存在。發育時身體型態沒有改變。此目的例子是衣魚。

（二）有翅亞綱（Pterygota）

有翅亞綱由有翅或次級無翅昆蟲組成。由於除了三對足外，還附著了兩對翅，兩者都與運動有關，因此有翅亞綱成蟲的胸部很大，足以讓上述器官附著在上面。腹部有十一節或更少節；氣孔有肌肉閉合裝置。變態是半變態（卵、若蟲、成蟲）或完全變態（卵、幼蟲、蛹、成蟲）。有翅亞綱進一步分為兩群：古生翅群（Paleoptera）和新生翅群（Neoptera）。

新生翅群進一層分為三個亞群：複新生翅亞群（Polyneoptera）、次新生翅亞群（Paraneoptera）和內生翅亞群〔Holometabola (= Endopterygota)〕。

（三）群：古生翅群（Paleoptera）

將昆蟲物種包含在此一大類中，是基於與胸節所附著的翅。在此群的有翅昆蟲中，休息時翅無法折疊放到身體背部，因為翅附著在胸部上，是胸部之間的融合，這是透過有翅脈的腋片（axillary plates）融合而成，此種情況被稱為古生翅群（Paleopteran 或 Paleopterous）。

第一目：蜉蝣目（Ephemeroptera；ephemeros = 活一天；pteron = 翅）

屬於本目的昆蟲是蜉蝣，成蟲的口器極度退化、無功能，翅到胸部只有一個腋關節。雄蟲前翅特化，以便在飛行交尾過程中抓住雌性。成蟲有亞成蟲期（subimago），稚蟲水棲（住在水中）。

第二目：蜻蛉目（Odonata；odon = 牙齒）

本目昆蟲具有薄如紙質的翅與特殊的交配行為 —— 在飛行中交配。未成熟階段是水棲的，並擁有高度特化的下脣，用於捕捉獵物。本目的例子是蜻蜓和豆娘。

（四）群：新生翅群（Neoptera）

靜止時，新生翅群成蟲將翅向後靠放在腹部上。翅藉由翅基部可移動的骨片固定在身體上。翅脈，非三元性（三組的聯合）翅脈，多數缺乏橫脈。

（五）亞群：複新生翅亞群（Polyneoptera）

此亞群由十個目組成，包括襀翅目、螳螂目、蜚蠊目、蛩蠊目、螳螂目、直翅目、蟷目、紡足目、革翅目和缺翅目。這些目之間的關係可根據形態和分子數據判斷；共同形態特徵是有後翅，且存在伸展的臀區，但跗節區域和核苷酸序列分析除外。未來，分子生物學的廣泛使用，將有助於我們在這些群體之間做出更明確的區分。

根據形態和分子數據，在複新生翅亞群內，有兩組明顯不同。以下目包含在此亞群中。

第一目：襀翅目（Plecoptera；plekain = 摺疊；pteron = 翅）

在成蟲期，屬於本目的昆蟲具有絲狀觸角，突出的複眼和二至三個單眼。兩對翅都是薄膜狀；後翅比前翅寬；腹部十節。稚蟲是水生的。本目的例子是石蠅。

第二目：革翅目（Dermaptera；derma = 皮；pteron = 翅）

屬於本目的昆蟲背腹側扁平（背側 = 身體的上側，腹側 = 身體的下側），口器向前突出，複眼大或有時不存在，缺單眼，觸角短而成環，跗節三節。本目的許多種都是無翅的。在有翅種類中，前翅小、革質且光滑；後翅大、半圓形與膜質。本目的例子是蠷螋。

第三目：缺翅目（Zoraptera；zoros = 完全；apteron = 無翅）

缺翅目是類似白蟻的昆蟲（Gullan and Cranston, 2014）。從形態上來說，牠們是小型昆蟲。具有咀嚼式口器，有時兩性都是無翅。在這類昆蟲中，有翅型的後翅比前翅小。本目的例子是缺翅蟲或天使昆蟲。

第四目：直翅目（Orthoptera；orthos = 直；pteron = 翅）

屬於本目的昆蟲身體中等大小，後腿膨大供跳躍。前胸有大的盾狀前胸背板（第一胸節的上部）。前翅狹窄，革質；後翅寬闊，有許多縱脈和橫脈，並折疊放在前翅下方。腹部有八或九節，產卵器發達，為高度特化的腹節。本目的例子有蝗蟲、蚱蜢、蟋蟀。

第五目：紡足目（Embioptera；embios = 活潑；pteron = 翅）

屬於本目的昆蟲具有細長的圓柱狀身體，雄性稍微變扁平。複眼為腎形，雄性比雌性大，無單眼。觸角多節；口器向前突出。所有雌性都是無翅，如有翅，則翅是柔軟的。腿短，跗節三節；每個跗節基部膨大，因為牠含有絲腺。腹部十節，雌性生殖器簡單，雄性生殖器複雜且不對稱（Gullan and Cranston, 2014）。本目的例子是足絲蟻。

第六目：䗛目（Phasmatodea）

體型細長，圓柱形和扁平或棍狀。咀嚼式口器，複眼相對較小，僅在有翅的種類有單眼，又以雄性有翅，雌蟲退化。前翅是硬化的革質，短；後翅寬闊，有許多直脈和交叉橫脈。腿細長，適合行走；跗節五節，腹部十一節。本目的例子是竹節蟲和葉竹節蟲。

第七目：蛩蠊目（Grylloblattodea）

中等大小，體軟的昆蟲，口器向前突出。無複眼或退化；觸角多節，咀嚼式口器（mandibulate mouthparts）；前胸比中、後胸大；腿的基節大，跗節五節，腹部有清晰可見的十節。雌性產卵器短；雄性生殖器不對稱。本目的例子是蛩蠊（rockcrowlers）。

第八目：螳䗛目（Mantophasmatodea）

近二十年才被認可的新昆蟲目。本目中所有種類皆無翅，頭部為下口式，觸角細長多節。後足長，跗節五節。雄蟲尾毛明顯，雌蟲尾毛短，只有一節。雌蟲有短的產卵管。本目的例子是通常被稱為螳螂竹節蟲（heelwalker）的螳䗛。

第九目：螳螂目（Mantodea）

捕食性昆蟲，雄性通常比雌性小。頭部較小，三角形，觸角細長，可移動。螳螂的複眼間距大，咀嚼式口器。前胸窄長，中胸和後胸較短（Gullan and Cranston, 2014）。前翅短革質；後翅寬而膜質，有長而無分支的翅脈，橫脈存在但退化。前足是捕捉式（抓住並握住獵物），中後足長、以便行走。第十和最後一個腹節具有特化的尾毛。本目的例子是螳螂。

第十目：蜚蠊目（Blattodea）

本目包含兩種特殊的昆蟲，蜚蠊和白蟻。過去，蜚蠊隸屬於蜚蠊目，白蟻隸屬於等翅目（Isoptera）。但近期的科學證據顯示，白蟻是源自蜚蠊，因此需要將其包括在內（Gullan and Cranston, 2014）。蜚蠊是背腹扁平的昆蟲，頭是下口式（hypognathus），大多數典型的縫線和骨片都非常明顯。複眼相當發達；口器為咀嚼式。前胸背部的背片大；觸角絲狀多節。足相似，跗節 5 節，前翅較厚和尾毛多節（Imms, 1970）。白蟻或稱白色螞蟻，是成群生活、體軟的社會動物，咀

嚼式口器，尾毛短，兩對等長的細長翅，通常會脫落或無翅。一個聚落中有兩種白蟻等級──頭部與顎大的兵蟻和正常頭與顎的工蟻。

（六）亞群：次新生翅亞群（Paraneoptera）

本亞群包括三個昆蟲目：齧蟲目（Psocodea）、纓翅目（Thysanoptera）和半翅目（Hemiptera）。本群組的共同特徵是口器，包括細長的上顎內葉，膨大的後頭楯（postclypeus）和跗小節（tarsomere）退化。

第一目：齧蟲目（Psocodea）

非常微小，體軟的昆蟲。可能有翅或無翅，有特化的咀嚼式口器。翅脈退化，很少有橫脈。前翅上有翅痣（pterostigma）（前翅前緣有黯淡的斑點）。跗節二至三節，缺尾毛。此微小的昆蟲分布廣泛，有一千多種。本目的例子是書蝨和齧蟲。

第二目：纓翅目（Thysanoptera）

屬於本目的昆蟲體型微小，有細長和體短的。牠們皆具有很窄的翅、長緣毛。口器像針狀，可以刮取植物表皮，並以滲出的植物汁液為食。跗節很短，末端囊泡狀，缺尾毛。變態期有前蛹期。屬於本目的昆蟲──薊馬，對農作物的危害相當大；一些薊馬種類更是植物毒素病的媒介。

第三目：半翅目（Hemiptera；hemi = 半；pteron = 翅）

本目昆蟲翅的發育在物種之間變化多，翅脈亦同。複眼通常很大，單眼可能存在或沒有。觸角從短只有幾節到多節的絲狀。口器由小顎和大顎化成針狀探針，形成於喙狀帶凹槽的下脣中，共同形成「口喙」（口器）（Gullan and Cranston, 2014）。在口喙內有兩個通道，一個用於輸送唾液，另一個用於攝取植物汁液。胸部由大的前胸、中胸以及小的後胸組成；兩對翅的翅脈退化，有些物種是無翅。本目的例子是葉蟬。

（七）亞群：內生翅亞群（Endopterygota; Holometabola）

此亞群之昆蟲的特徵是具有四個不同發育階段：卵、幼蟲、蛹和成蟲的複雜變態。翅在體內發育，幼蟲是不同於成蟲的專性取食者。

第一目：脈翅目（Neuroptera；neuron = 脈；pteron = 翅）

屬於本目的昆蟲體型由小到大皆有，體軟，有兩對膜質翅。翅脈通常有許多附屬分支和前緣脈（costal veins）。成蟲有多節的觸角，咀嚼式口器。有時足會特化成捕捉式，兩對翅在形狀和翅脈方面都非常相似，腹部缺乏尾毛，是捕食性天敵。本目的例子有魚蛉、草蛉、蟻獅等。

第二目：鞘翅目（Coleoptera；koleos = 鞘；pteron = 翅）

鞘翅目可能是最大的昆蟲目，約有三十九萬種。包含大至小多種體型的昆蟲，前翅是緊密的翅鞘（厚而硬）；後翅是薄膜，折疊在鞘翅下面。前胸大，咀嚼式口器，幼蟲類型多樣化。觸角十一節，類型較少。屬於本目的昆蟲是甲蟲和象鼻蟲。

第三目：撚翅目（Strepsiptera；strepsis = 撚；pteron = 翅）

體型微小的昆蟲。雄性具突起的頭，觸角分叉，四至七節。前翅粗短，特化成棍棒狀。後翅大，呈扇形，有少數輻射出的脈。足缺少轉節，經常有爪。雌蟲通常寄生其他昆蟲體內，但從寄主身體突出。第一齡幼蟲，沒有觸角和下顎，有三對足。雄蟲壽命短，通常會飛到寄主昆蟲身上進行交配。本目昆蟲非常古老，沒有太大的經濟意義。本目的例子是撚翅蟲。

第四目：雙翅目（Diptera；dis = 雙；pteron = 翅）

雙翅目是一大目，數量可觀，在人類醫學和獸醫學上也很重要。從中型到非常小的昆蟲都有，一對膜質翅，後翅特化成平均棍（halters）。口器是刺吸式（蚊子）和舔吮式（家蠅）。前胸和後胸退化，足可能高度特化，所有足都有五個跗小節，腹部十一節。雌蠅缺乏真正的產卵器，但具有由伸縮末端組成的替代產卵器。幼蟲無足，水生。本目的例子是家蠅和蚊子。

第五目：長翅目（Mecoptera；mekos ＝ 長；pteron ＝ 翅）

體軟的昆蟲，有兩對形狀類似的長翅。長翅目可以透過喙狀的頭部，有汙點的翅和突出的外部生殖器官來識別。口器用於咀嚼，觸角絲狀多節，有十節。足可能特化作爲捕食用，腹部十一節。幼蟲具有極度硬化的頭殼。胸節大小相等，有三對足。本目的例子是蠍蛉。

第六目：蚤目（Siphonaptera；siphon ＝ 管；aptros ＝ 無翅）

此目體型微小的昆蟲是無翅的，常寄生，體腹背扁平，口器爲刺吸式。發育是完全變態（卵、幼蟲、蛹、成蟲），缺複眼，單眼無或發達。身體具許多朝後的剛毛和刺毛，後胸含後腿肌肉，爲成蟲的長跳提供動力。跳蚤被堅硬的表皮覆蓋著，足適合跳躍和攀緣。所有跳蚤都是鳥類和哺乳動物的吸血性外寄生物；鼠蚤（*Xynopsylla cheopis*）經常從鼠遷移到人體，是引起鼠疫之細菌的最有力媒介，鼠疫會影響人類和老鼠。鼠蚤就是本目的例子。

第七目：毛翅目（Trichoptera；trichos ＝ 毛；pteron ＝ 翅）

牠們是類似蛾類飛行力不強的昆蟲，有兩對被密集毛髮覆蓋的翅，主要是縱脈、與少數橫脈。觸角多節，複眼大。口器退化，小顎無功能。幼蟲水生，有三對胸足。所有三對足和成對的尾部附肢末端都有鉤子。蛹水生，有強壯的下顎。本目的例子是石蠅。

第八目：鱗翅目（Lepidoptera；lepidos ＝ 鱗粉；pteron ＝ 翅）

就 120 科中近十六萬種昆蟲種類而言，這是一個重要的昆蟲目。本目有大量農作物害蟲。在成蟲中，口器是長捲曲的口吻，由延長的小顎外葉組成。通常會出現大的下脣鬚，但大多數其他口器部分則闕如。複眼大，觸角多節，通常在飛蛾中爲櫛齒狀，在蝶類中爲節狀或棍狀。本目成員的體型大小範圍從微小到巨大，翅展可達 30 公分。完全變態；大的下脣鬚大，複眼大，單眼常見；翅完全被雙層鱗粉覆蓋。足長，有五節跗節，腹部十節。交尾行爲涉及性費洛蒙化學物質，卵被產在接近幼蟲寄主植物的地點，滯育很常見。幼蟲具骨化的頭和咀嚼式口器。本目的例子是飛蛾和蝴蝶。

第九目：膜翅目（Hymenoptera）

具有十五萬已知物種的大目，體型大小從微小到巨大（即 0.15-120 毫米長）不等。口器有吸食式和咀嚼式，複眼通常大，單眼可能存在或不存在。觸角長，多節，通常向前突出。三個正常的胸節，以螞蟻為例，第一腹節與第三胸節相結合。翅膜質，翅脈退化，後翅有一排鉤。膜翅目中的產卵管，多特化成為一螫針與相關的毒腺構造。本目的例子是螞蟻、蜜蜂、胡蜂。

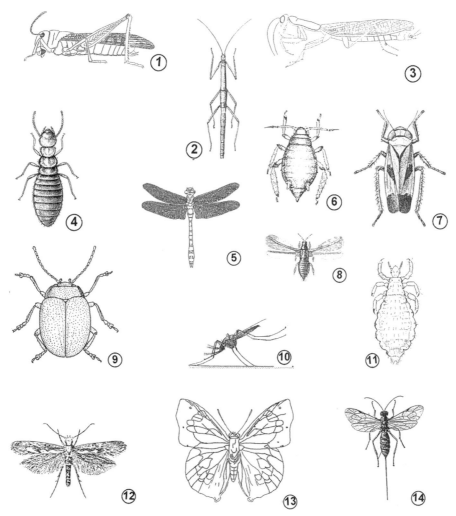

圖 3-1. 昆蟲重要之目：(1) 直翅目—蝗蟲；(2) 䗛目—竹節蟲；(3) 螳螂目—螳螂；(4) 蜚蠊目—白蟻；(5) 蜻蛉目—蜻蜓；(6) 半翅目—蚜蟲；(7) 半翅目—葉蟬；(8) 纓翅目—薊馬；(9) 鞘翅目—甲蟲；(10) 雙翅目—蚊子；(11) 蚤目—跳蚤、蝨子；(12) 鱗翅目—蛾；(13) 鱗翅目—蝴蝶；(14) 膜翅目—姬蜂（根據 Imms, 1963）。

第四章

昆蟲消化系統

一、消化道（Alimentary Canal）

消化道是昆蟲消化系統（圖 4-1）的主要部分，透過消化道，食物從口經過一條長管，最後抵達泄殖腔（cloaca）的另一端，以廢物方式排出體外。此管狀結構分成三個主要區域，即前胃（foregut，前腸）、中胃（midgut，中腸）和後端最重要的後胃（hindgut，後腸）。

前口腔（pre-oral food cavity）：在食物進入消化道前，先進入前口腔，這個小腔室是由口器的各種器官所組成。此腔室前方以上脣內表面為界，後方為下脣，側面有大顎及小顎。此食物腔不被視為前腸的一部分。

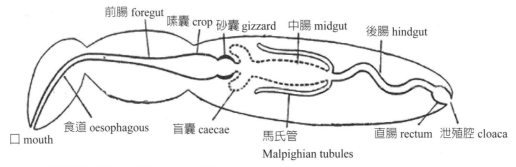

圖 4-1. 昆蟲消化系統（根據 Imms, 1963）。

（一）前腸（Foregut）

前腸起於咽頭（pharynx），一個位於前口腔後的狹窄管子。咽頭將食物送入食道（oesophagus），食道將食物運送至中腸。大多數昆蟲食道後端部分可能會膨大形成嗉囊（crop）。有些嗉囊可能以袋子（pouch）的形式，或經由一個細管憩室（diverticulum）連接到食道。嗉囊作為食物運送到中腸的貯藏所，食物消化很少在嗉囊發生。前腸和中腸由砂囊（gizzard）分隔，此為一種篩狀的肌肉結構，在發育期間大幅變化。蝗蟲和甲蟲的砂囊具有強大的放射狀牙齒和環形肌肉，提供磨碎較大片食物的額外功能。組織學上，前腸是由細胞層分泌表皮的內層組成，外層是由基底膜覆蓋。

（二）中腸（Midgut）

　　食物的消化和吸收，在食道的中段進行。組織學上，中腸由外表包有基底膜的一層大型上皮細胞所組成，上皮細胞的內側有橫紋肌緣（striated border）。某些昆蟲中腸的表面因向外生長（outgrowths）或有盲囊（caeca）的存在，其大小及數量種類間有差異。大多數昆蟲的上皮細胞是相似的，經由橫紋肌緣，且在這些細胞分泌消化酵素，進入體腔並參與食物吸收。

　　大多數昆蟲進食後，藉著圍食膜（peritrophic membrane）將食物和上皮內襯分開（圖 4-1），形成一層薄而無色的腸管抵達後腸。此圍食膜部分由幾丁質組成，原本是要保護上皮細胞內襯避免磨損。當食物為液狀時，如：半翅目、鱗翅目和吸血昆蟲體內，此層膜並不存在。圍食膜對消化酶和消化產物是可通透的。

（三）後腸（Hindgut）

　　後腸由稱作「迴腸」（ileum）的細管、稍寬的「結腸」（colon），和末端更寬的「直腸」（rectum）所組成。直腸在肛門（anus）向外開口，又稱泄殖腔（cloaca），糞便由此排出昆蟲體外。和前腸一樣，內襯為表皮層，但此表皮內層較薄。某些昆蟲的直腸細胞層，由六個長縱向帶或「直腸乳突」而厚化。這些乳突的目的是透過吸收糞便中的水，以保持適當的水分平衡。

消化管附屬器官

　　馬氏管：位於後腸，靠近中腸連結處，有向外分支物稱為馬氏管。這些都是細長的盲管，游離在血體腔（haemocoele）（昆蟲血液）中，浸潤在血液中。馬氏管的數目從 4-120 條，依昆蟲種類而異；但在蚜蟲身上是不存在的。每一條管由大型的上皮細胞連接到外膜組成，由肌纖維包圍。上皮細胞的內緣顯示出與中腸內所發現之有條紋的邊緣類似。

　　馬氏管的功能是自昆蟲血液中移除排泄物質，形成尿（urine），進到馬氏管的內腔中，最終排入後腸，和糞便一起排出。昆蟲的尿液在不同的昆蟲種類中，

可能是透明液體或各種不同組成的混濁懸浮物。昆蟲尿液的主要成分是尿酸（uric acid）或氨（ammonium），其鹽類與鈉或鉀，通常以結晶的形式出現。有些物種可分泌尿素（urea）或氨。

唾液腺：此成對的腺體位於口器內，並與下唇有關，有時稱為下唇腺（labial glands）。當攝取食物時，此腺體排出分泌物即唾液（saliva）進入口腔內，並與食物混合。某些鱗翅類的幼蟲，下唇腺會轉化成產絲的器官，其唾液功能由大顎腺體表現。

二、消化

維持昆蟲生長和發育的食物於中腸吸收。然而，在能被吸收前，食物須分解成簡單的可溶性物質，如醣類、脂肪酸、胺基酸等，這是由唾液腺和中腸上皮細胞產生的消化酶所帶動的。此三種主要的酶是：(1) 碳水化物酶（carbohydrase），將複合碳水化合物分解成簡單的醣類；(2) 脂肪酶（lipase），催化脂肪分解成脂肪酸；及 (3) 蛋白酶（proteases），負責催化蛋白質分解成胺基酸。上述三組酶的分解產品——醣、脂肪酸、胺基酸——對昆蟲的生長和發育是必需的。

三、昆蟲營養

碳水化合物經由醣的方式作為昆蟲能量的主要來源。某些脂肪及蛋白質，有時能氧化以提供能量。必需胺基酸則是用於建構結構性蛋白質和酵素以執行各種反應。某些重要昆蟲種類的必需胺基酸是已知的，蜚蠊的成長需要胺基酸中的纈氨酸（valine）、精氨酸（arginine）、組氨酸（histidine）、色氨酸（tryptophan）、半胱氨酸（cysteine）。昆蟲的食物必須含有維生素，而不同物種有不同的需求。在某些情況下，這些維生素不會在昆蟲所吃的食物中發現，但可由昆蟲體內的共生微生物所合成。一些酵母菌的共生物出現在昆蟲腸道中，或寄生在特殊細胞或器官內，稱為菌胞體（mycetomes）。某些微生物則由母體透過卵傳給後代。

四、昆蟲的食性

　　昆蟲藉由取食可以直接或間接地，獲取植物經由光合作用貯存的能量。植物是所有生物體和太陽之間的中間媒介。大多數昆蟲以綠色植物爲食，而其餘的以死亡及腐爛的植物維生。取食植物的昆蟲被稱爲植食性昆蟲（herbivores）。植食性昆蟲攝食植物物種的範圍，因食草昆蟲種類而不同。下列專有名詞是用來描述植食性昆蟲寄主範圍。發展防治農作物蟲害的方法時，昆蟲寄主範圍是很重要的。

　　單食性（monophagous）：昆蟲以單一種或同科內少數種維生。

　　寡食性（oligophagous）：昆蟲以少數相關科的植物爲食。

　　多食性（polyphagous）：昆蟲以廣泛範圍的植物科多數種類爲食。蝗蟲、行軍蟲和幾種薊馬都屬於此類。

　　有兩種專門的昆蟲取食行爲在蟲害防治中是重要的，就是捕食性（predation）和寄生性（parasitism）。捕食性意味著殺死和取食昆蟲，尤其是害蟲，此時被吃的稱作獵物（prey），而吃其他昆蟲的稱爲捕食者（predator）。寄生性則涉及一個生物暫時或永久地住在其寄主昆蟲體內，且從寄主昆蟲獲取營養。寄主昆蟲稱獵物，而住在獵物身上或體內的稱作寄生物（parasitoid）。這兩種取食習性在害蟲的生物防治是非常重要的，許多捕食性和寄生性昆蟲被應用於防治害蟲。

第五章

昆蟲生殖系統

一、雌性生殖系統

雌性昆蟲的生殖系統（圖 5-1-A）包含一對卵巢（ovaries）、一對管狀輸卵管或生殖管道（genital ducts）和副腺（accessory glands）。

（一）卵巢（Ovaries）

昆蟲通常有一對卵巢。每個卵巢由數個卵管或「微卵管」（ovarioles）組成，此通常是由外膜包聚成為多多少少緊密的器官。微卵管開口在「輸卵管」（oviduct）。通常每個卵巢內有四至八條微卵管。其數目因物種不同而異，在一些膜翅目，則超過兩百條。

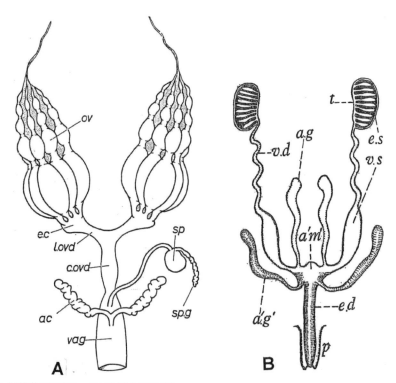

圖 5-1. (A) 雌性生殖系統；(B) 雄性生殖系統。
ac：副腺（雌性）；*a'g'*：副腺（雄性）；*a'm'*：包囊；*covd*：輸卵管；*e.c*：卵萼；*e.d*：射精管；*e.s*：上皮鞘；*lovd*：側輸卵管；*ov*：卵巢；*p*：陰莖；*sp*：受精囊；*spg*：受精囊腺；*t*：精巢；*v.s*：精囊腺；*vag*：陰道（根據 Imms, 1967）。

一個典型的微卵管由端絲（terminal filament）、原卵區（germarium）和卵黃區（vitellarium）所組成。所有微卵管一側的端絲，通常是結合形成一個懸韌帶（suspensory ligament）。原卵區前端包含原始生殖細胞或卵原細胞（oogonia），後來分化成卵母細胞（oocytes）。卵黃區由一縱系列發育中的卵所組成，最小的和剛形成的最接近原卵區。隨著卵成長，會膨脹到一系列的卵泡或卵腔室（egg-chambers）。每一個卵被包圍在一層濾泡上皮細胞（follicular epithelium）內，可分泌絨毛膜（chorion）或卵殼。通常情況下，最下端的卵已經成熟並準備產出。

（二）輸卵管（Oviducts）

兩側的「側輸卵管」通常末端進入一個單一的輸卵管（common oviduct），並繼續進入一個較寬的通道或「交配囊」（bursa copulatrix）（生殖腔，genital chamber）。此部分的雌性生殖系統和受精囊（spermatheca）及一對副腺（accessory glands），由薄的表皮膜包覆，此顯示其源自外胚層。這些器官通常由短管開口進入總輸卵管、交配囊或生殖腔。

（三）相關構造（Associated structures）

受精囊（spermatheca）：通常是一個囊狀器官，經由稱作精囊管（spermathecal duct）的細長管道，通向總輸卵管或陰道（vagina）。交配時，將取得的精子（spermatozoa）貯存在受精囊中，來自受精囊中的精子通過管道使卵受精。卵通過總輸卵管產下前，通過管道受精。卵產在植物表面或植物體內則是其特定種類之產卵習性。

黏液腺體（colleterial glands）：此副腺通常開口通向交配囊。它們分泌一種黏性物質，將卵彼此附著或附著到產卵的基質上。一些昆蟲（蜚蠊和螳螂），其腺體分泌物產生硬化的「卵鞘」（ootheca）或卵囊（egg capsule），內藏有上述昆蟲產下的卵。

二、雄性生殖系統

　　雄性生殖系統（圖 5-1-B）包括一對「睪丸」（testes）和兩個橫向稱為輸精管（vasa diferentia）的構造。這些管連結射精管（ductus ejaculatorius）的中間通道，通常透過插入器（intromittent organs）及生殖孔對外面開口。除了這些主要部分外，通常有一對精囊（vesiculae semanales）或貯精囊，由每一對輸精管擴大所形成，副腺經常出現。

（一）睪丸（Testes）

　　每個睪丸是由管子或濾泡（follicles）組成。這些管子一側藉由輸出管開口向該側的輸精管（vas efferentia）。在外側，睪丸由上皮鞘（epithelial sheath）所覆蓋。濾泡包含各種不同發育階段的生殖細胞（germ-cells）。這些生殖細胞由濾泡的頂端或生殖原區（germarium）產生，並經過一系列的改變，包括有絲分裂和減數分裂以形成精蟲（spermatozoa），或精子注入輸精管，並最終通過射精管（ductus ejaculatorius），於交尾時通過插入器（intromittent organ）進入雌蟲。

（二）副腺（Accessory glands）

　　副腺有兩種類型——中胚層來源（mesodermal）或位於不同昆蟲體內的不同部位稱為外胚層來源（ectodermal）。副腺產生形成一種包囊（capsule）或圍住精蟲或精子的精囊（spermatophore）的物質。在交尾過程中，精蟲透過射精管（ejaculatory duct）及在插入器貯存放在交尾囊（bursa capulatrix）中或雌性昆蟲的生殖腔（genital chamber）。

三、昆蟲的生殖

　　大多數的昆蟲，生殖依賴雄性成蟲和雌性成蟲之間的交配。雌蟲之後產下

卵，孵出一個單一的非成熟期的昆蟲，此爲正常的生殖模式。每個卵含有一個胚胎，在幾天或幾小時的「孵化期」後，出現單一隻昆蟲，此通常被稱爲「卵生」（oviparous）模式生殖。但是，此種一般模式也有例外，其中包括：(1) 胎生（viviparity）；(2) 孤雌生殖（parthenogenesis）；(3) 多胚生殖（polyembryony）；及最稀有例子 (4) 幼體生殖（paedogenesis）；(5) 卵生（oviparity）。

(1) 胎生（viviparity）：有些昆蟲，如蚜蟲，在昆蟲的體內完成胚胎發育。在此種情況下，母體昆蟲直接產出若蟲或年幼的昆蟲而非產下卵。

(2) 孤雌生殖（parthenogenesis）：在此繁殖模式中，雄性和雌性昆蟲並不交配，但卵可進行完整的胚胎發育。卵產下就孵化成幼齡昆蟲。此繁殖類型，可在蜜蜂、葉蜂及一些蚜蟲等種類出現。

(3) 多胚生殖（polyembryony）：在此種情況下，一個卵內有兩個或兩個以上的胚胎發育，此可能有受精或無須雄性及雌性交配（孤雌作用）。每個胚胎產生個別的昆蟲，此現象發生在寄生性膜翅目。

(4) 幼體生殖（paedogenesis）：在此情況下，幼蟲生下另一隻幼體（juvenile）。此繁殖涉及孤雌生殖及胎生，無須交配即可產生幼體而不是產下卵或幼蟲。

(5) 卵生（oviparity）：交配後雌蟲產下卵，在一段特定的卵期若蟲或幼蟲孵化開始取食。

第六章

昆蟲神經系統

　　了解昆蟲的神經系統（圖 6-1）對植物保護專家是重要的，因為使用於植物保護的資材大多數是殺蟲劑，有些類型的殺蟲劑藉由對昆蟲神經系統的影響，發揮其致命作用。殺蟲劑與此系統交互作用，造成不可逆的損害，最後導致昆蟲死亡。為了解殺蟲劑如何發揮其毒性作用，對昆蟲神經系統的組成、生理學和生物化學的基本了解是必要的。

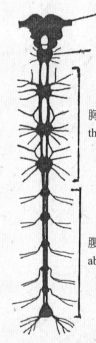

大腦 brain

食道下神經節
suboesophageal ganglion

胸神經節
thoracic ganglia

腹神經節
abdominal ganglia

圖 6-1.　典型昆蟲中央神經系統（根據 Imms, 1963）。

一、昆蟲神經系統的結構和功能

（一）神經元（The Neuron）

　　神經系統的基本功能單位是神經細胞（nerve cell）或神經元（neuron）。神經元是一薄壁管子，長度從小於 1 毫米到幾公分以上，其直徑在 1-500 μm 之間。典型的一神經元，是由一個細胞體、核周體（perikaryon）或胞體（soma）和一個更長、極細的纖維或軸突（axon）所組成。從結構上來說，神經元可能是單極、雙極或多極型。

　　個別神經元彼此不直接連結，但是透過電力（電耦合）或是經由稱作神經傳遞物質（neurotransmitter）的特殊化學分子溝通。此細微分支末端的樹狀軸突與樹狀突（dendrites）或另一個神經元的軸突進入極為緊密的結合，或者它們可能在靠近肌肉處終結（即神經、肌肉交界處）。然而，兩者之間始終存在一個非常小但可測量的距離。終端樹狀軸突和樹狀突之間的密切連繫區域被稱爲突觸（synapse）。通常信號傳送的神經元被稱爲前突觸神經元（presynaptic neuron），同軸的下一個神經元稱爲後突觸神經元（postsynaptic neuron）。

　　單就解剖學而言，昆蟲神經系統分爲三個主要部分：1. 中樞神經系統（central nervous system, CNS）；2. 周邊神經系統（peripheral nervous system, PNS）；及 3. 內臟或交感神經系統（visceral nervous system, VNS）。

1. 中樞神經系統（CNS）

　　它包括腦（brain）和下食道神經球（supraoephageal ganglia）、腹神經索（ventral nerve cord）和神經節（ganglia）。神經節（單數爲 ganglion）的意思是「腫」，是神經元的集合體。腦位於食道上，而且是主要感覺和內分泌的中心，釋出激素進入血淋巴（昆蟲血液）。腹神經索由兩條縱向神經和九個神經節組成，沿著身體腹部區域運行的分段結構。在蜚蠊身上的神經節，至少有三個在胸部和六個在腹部，其他昆蟲可能會不同。

2. 周邊神經系統（PNS）

它包含從中樞神經系統起始的神經和提供給不同身體部位的神經。從大腦有三對神經連接到複眼、觸角和上唇。食道下神經節（suboesophageal）（神經節位於食道下方）有三對神經發散到大顎、小顎和下唇。胸神經節供應神經到足和翅；腹神經節供應神經到位於腹腔的所有器官。分支到肌肉和表皮感覺器官的感覺神經元，可接受來自昆蟲所處環境的化學、溫度、物理或視覺刺激，此為周邊神經系統的一部分。

3. 內臟或交感神經系統（VNS）

它包括源於各種神經節的神經，以及供應各類內臟器官如消化道和心臟的各個部分，並調節這些器官的功能。中樞神經系統和周邊神經系統在殺蟲毒性是重要的。

（二）神經衝動沿軸突的傳導（Conductance of nerve impulse along the axon）

軸突是神經元的一部分，它專門負責迅速傳導神經衝動，且不改變任何大小或衝動類型。包圍軸突膜的細胞外液中，含有高濃度的鈉離子（Na^+）和低濃度的鉀離子（K^+）。神經細胞內與此相反。當不傳導脈衝時，它的膜對 K^+ 相對可滲透的，但對 Na^+ 的滲透率非常小。此情況使得細胞的內部和外面比較是相對負的。

一個刺激導致軸突膜變成對 Na^+（鈉通道開口）具滲透性，根據電化學梯度流入軸突，引起裡面暫時成為正的。然而，鈉通道開始快速閉合且基本上變成對鉀具滲透性。因鉀離子通道的打開，其結果是有鉀流出。鈉的不活化和鉀活化，使軸突迅速產生另一個神經衝動。此現象沿著軸突傳下去，從而此衝動沿軸突以波浪的形式產生。

執行所有這些事件的能力取決於穿過細胞膜的離子濃度的維持。這是過鈉─鉀泵，它在第一時間維持梯度，補償衝動的傳導過程中所發生的洩漏。殺蟲劑 DDT 和除蟲菊精則是影響軸突的傳導。

（三）神經衝動的突觸傳導（Synaptic transmission of the impulse）

當一個衝動沿軸突傳遞，它必須通過突觸以便刺激另一個神經元來觸發反應。沿軸突的傳輸，不像沿著軸突傳導是屬於電位的，橫跨突觸的傳輸涉及一種化學物質的傳輸器，貯存在囊泡的軸突末端。該傳輸器變成附於後突觸膜的受體結合點，藉由通過離子可透性的變化，直接或間接通過腺苷酸環化酶（adenylate-cyclase）系統。腺苷酸環化酶（AC）是一種蛋白質的訊息系統，該系統從細胞外穿過細胞膜到細胞質內部。

（四）膽鹼脂酶（Cholinesterase）

在神經系統中，化學物質乙醯膽鹼（acetylcholine）是躍過突觸最重要的神經傳遞物質。當一個神經衝動從突觸發送之後，由此化學物質調解後，為了要恢復下一個神經衝動（脈衝）後突觸膜的靈敏度，此乙醯膽鹼必須予以解除。也就是藉由膽鹼酯酶，將乙醯膽鹼分解成非活性成分的膽鹼和乙酸。此種酶是有機磷和氨基甲酸鹽類殺蟲劑中毒的標的。

（五）γ- 氨基丁酸受體複合物（GABA receptor complex）

在昆蟲的周圍神經系統中，並未有膽鹼脂酶系統涉入，但 L- 谷氨酸刺激肌肉，而 GABA（γ- 氨基丁酸）抑制肌肉收縮。GABA 也已知在昆蟲和哺乳動物的中樞神經系統具有功能。神經衝動的抵達觸發 GABA 從突觸前的終端被釋放出來，它與含有氯離子通道的後突觸受體蛋白結合。其結果是，氯離子通道被打開，氯離子流入後突觸神經元。此增加了氯離子滲透性，造成將衝動傳輸到下一個神經元的結果。包括環二烯類（cyclodiene）、靈丹（lindane）、芬普尼（fipronil）殺蟲劑結合氯通道，並阻止其活化 GABA。

第七章

昆蟲呼吸系統

　　所有的昆蟲，其呼吸是由內管（又稱氣管，trachea，單數）從外界攜帶氧氣到昆蟲體內的各個組織。昆蟲並沒有像高等動物以一集中的類似肺臟器官來呼吸。氣管起源自體壁的呼吸孔（spiracles，氣孔），組織學上，氣管如同體壁，是由一層皮膜細胞分泌角質層（cuticular layer）組成。氣管橫切面是環狀或有點橢圓的，每個氣管分支成小管稱作微氣管（tracheoles），形成一個網狀覆蓋或充滿於昆蟲體內之不同器官。當充滿空氣時，在這些器官的微氣管狀似一層銀色的內襯。

　　大部分陸棲昆蟲的氣管系統是開放式系統，由典型的一對側邊長條形幹線進入氣孔開口，一對同樣的背部長條形幹線和通常一對腹面長形幹線存在。背部、側面和腹面幹線多多少少以背至側方向的氣管連結，且兩側的長條幹是以橫向氣管來連結。

一、氣孔（Spiracle）

氣孔是成對的開口，通常位於中胸和後胸兩側的側板上，並沿腹部的兩側。在直翅目昆蟲（蝗蟲）和某些幼蟲（鱗翅目）中，有十對氣孔，胸部有兩對，腹節有八對。其他昆蟲氣孔對的數量可能更少。在大多數有翅昆蟲中，氣孔具有打開和關閉的機制。除呼吸功能外，氣孔也是喪失水分的主要位置。

二、呼吸作用（Respiration）

陸生昆蟲的氧氣從外界通過氣管系統，再從氣孔到微氣管，以擴散（diffusion）的步驟來進行。同樣的步驟則以相反方向，將二氧化碳從器官移除到外界。因為氣管系統運送、攜帶氧氣進入或接近呼吸中的組織，昆蟲的血液又稱血淋巴（haemolymph），在呼吸系統只扮演小角色。

此昆蟲呼吸活動由氣孔的打開及關閉來調節，昆蟲的每個體節，肌肉的收縮負責這些改變，這些肌肉依次的由呼吸中心主導，位在腹部神經索的對應神經結。

第八章

昆蟲生長與發育

　　在卵內的昆蟲被認爲是「胚胎」發育期。從蟲害防治的觀點而言，卵不會危害植物。然而，在昆蟲的後胚胎發育期，從卵孵化開始成爲幼蟲或若蟲起，因幼蟲、若蟲和部分成蟲也會取食植物，才是植物保護專家所關注的。每一個後胚胎時期都有其特徵，可以充分利用於發展蟲害防治工具。因此，研究昆蟲的成長和發育對植物保護是非常重要的。

一、卵孵化（Hatching）

當幼蟲準備從卵孵出時，是發育完全的胚胎期，牠會用力穿透卵殼鑽出來。在許多情況下，卵殼是由位於頭部或新形成若蟲身體的其他部分，「孵化刺」（hatching spines）的結構切開。在食毛目和半翅目，預先形成的卵帽（egg cap）被推開，讓昆蟲鑽出來。

二、生長（Growth）

昆蟲的生長是一種循環，此段期間交替發生蛻變〔蛻皮或脫殼（ecdysis）〕。組織可透過細胞增殖而成長，透過個體細胞增大而使體型變大，或透過兩種過程的同時出現而變大。某些昆蟲（在幼期）的柔軟體表皮（cuticle）在生長期間會大幅伸長。在如頭殼的硬化部位，每次脫皮後明顯變大。

三、脫皮（Ecdysis）

未成熟的昆蟲──幼蟲（larva）或若蟲（nymph）每隔一段時間會蛻去表皮，此過程稱為「蛻皮」（ecdysis）或「蛻變」（molting）。蛻去的皮稱為「殼」（exuviae；exuvia 是單數）。在蛻皮前，昆蟲停止取食且可能呈現短期內靜止的（不動的）狀態。在此期間，表皮細胞擴大，並可能進行有絲分裂。舊表皮開始脫離上皮，新的表皮開始產生。新舊表皮之間的空隙變得充滿含有蛋白酶（protease）和幾丁質酶（chitinase）兩種酵素的蛻皮體液。此兩種酵素溶解舊的內表皮和酵素反應的產物，透過新表皮被吸收。昆蟲接著收縮腹肌將舊表皮丟棄，剛蛻皮的昆蟲具有柔軟、有彈性的、色淡的表皮。牠吞下空氣（水生昆蟲則是吞下水）且體型加大。

連續兩次蛻皮之間隔稱為「階段」（stage）或「期」（stadia；單數為 stadium），昆蟲在任何特別期間所呈現的昆蟲形式稱為「齡」（instar）。當昆蟲從卵孵化，牠進入第一齡，在第一齡結束時，牠蛻皮進入第二齡，依此類推。齡的數

目因不同昆蟲類群而異，但同一類的昆蟲，大概是固定的。

四、變態（Metamorphosis）

剛孵出的昆蟲的外觀和結構與成蟲大不相同，牠的發育涉及形狀的改變或「變態」。變態可能會導致青春期結構的喪失以及明顯的成蟲器官的分化，這些改變的幅度因昆蟲類群而異。變態有兩種主要類型，已明確區分為不完全變態，也被稱為直接變態或「半行變態的」（hemimetabolous）發育和完全變態（holometabolous）或間接變態的發育。

半行變態（圖 8-1）的發育出現在無翅亞綱及外生翅群。未成熟的階段，通常被稱為「若蟲」（nymphs），習性與許多結構特徵通常與成蟲類似。翅和外生殖器（external genitalia）的外觀在早期階段出現外部雛形，大小及複雜性隨著每一個連續齡期而增加。

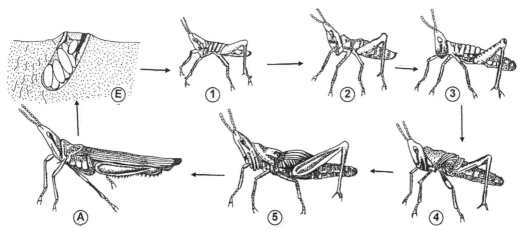

圖 8-1. 不完全變態。E = 卵；1、2、3、4、5 = 一至五齡；A = 蝗蟲成蟲（根據 *Crop Pests and How to Fight Them*, Directorate of Publicity, Government of Bombay, Bombay, 1956）。

完全變態（圖 8-2）的發育出現在所有的內生翅群。此類型的變態，有一系列活躍的取食幼蟲期，齡期間通常彼此非常類似，但與在棲息地的成蟲和結構上則大不相同。幼蟲期後進入單一的休眠的蛹期，不進食，最後蛻皮為成蟲。

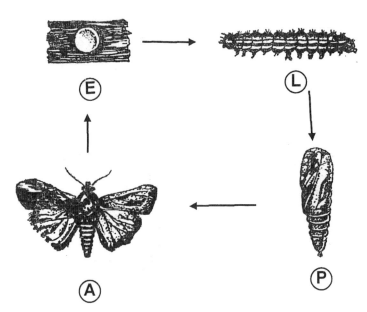

圖 8-2. 完全變態。E = 卵；L = 幼蟲；P = 蛹（通常在土裡）；A = 成蟲（根據 *Crop Pests and How to Fight Them*, Directorate of Publicity, Government of Bombay, Bombay, 1956）。

變態期間的成長、蛻皮和成蟲特徵之發育，受到昆蟲體內特殊腺體所產生的賀爾蒙控制。

五、滯育（Diapause）

某些昆蟲在一定的條件下，任何一個發育階段──卵、若蟲、幼蟲或蛹──可能會經過相對長的休息狀態或「滯育」（diapauses）。即使是成蟲也可能進入此一階段，即稱為「生殖滯育」（reproductive diapause），此期間生殖器官不具功能。直到滯育將被中斷為止，正常生長和功能的發育才會開始。不同的環境變化──溫度太高或太低、光照時間長短（每天日照時數），尤其是後者──似乎是誘發滯育的主要原因。一旦環境狀況變成正常，滯育昆蟲回復正常生長。從生物學的立場來看，滯育是一個適應，往往在不利的環境條件下昆蟲不需進食也能存活。

第貳卷

害蟲管理方法

在第二次世界大戰期間，科學家在篩選各種化學物質防治蚊子以保護軍人的同時，測試了一種 DDT 產品（二氯二苯基三氯乙烷，當時稱爲該化學品的名稱）。發現它在殺死蚊子方面非常有效，滴滴涕（DDT）成爲第一種合成的有機殺蟲劑，這拯救了許多生命。此後引入了滴滴涕以防治其他各種農產品的害蟲。滴滴涕在有效防治害蟲方面取得了巨大成功之後，具有不同化學結構和不同作用方式的新化合物開始進入市場，並一直持續到 21 世紀初。由於這些早期的合成殺蟲劑的成功使用，人類過度使用了此類化學物質，導致昆蟲產生抗藥性並破壞環境，包括食物中的殺蟲劑殘留、殺害鳥類和害蟲的天敵，導致了「蟲害綜合管理」或 IPM 概念的發展。它主張整合各種有害生物管理技術來防治有害生物，以減少合成殺蟲劑對環境的破壞。它涉及計算昆蟲的數量、作物特定生長階段的昆蟲時期以及經濟閾值，以決定是否需要使用化學殺蟲劑。它確實減少了殺蟲劑的使用，但需要增加勞動力投入，這在當時變得令人望而卻步（prohibitive）。在開發中國家，由於農業是家庭經營，知識有限，增加勞動力成本來計算昆蟲，變得令人望而卻步。在 1980 年代後期，糧食生產的「可永續性」概念開始發揮作用。1960 年代末期的綠色革命提高了極大的糧食產量，但由於大量使用化肥和其他投入（包括使用農藥），保持產量增長的步伐變成問題。同時，人口在增加，然後出現「永續農業」的概念，這意味著糧食產量的可永續增長。它等於使用糧食生產技術，繼續增加糧食生產，以滿足仍在增長的人口需求。由於有效防治農作物蟲害對糧食生產很重要，因此「永續蟲害管理」的使用增加了。這讓農民決定使用蟲害管理技術，該技術將使蟲害數量保持較低水準，並明顯增加糧食產量，以養活不斷增長的人口。因此，在本卷中，我們使用術語「永續蟲害管理」而不是綜合蟲害管理。

第九章

害蟲管理方法
——永續

　　為了在逐季可持續的基礎上，使用適當的管理措施來防治作物有害生物，首先必須了解特定害蟲的：(1) 生物學；(2) 季節性；(3) 特定有害生物造成的損害類型和程度。據了解，害蟲防治人員非常了解農作物，即他 / 她是一位很好的農藝人員，了解農作物的生物學特性，最適合該農作物種植的季節以及生長期和時機。如果在田間沒有發現昆蟲個體，但損害是明顯的，則損害的特徵將有助於人們識別昆蟲並選擇適當的害蟲管理措施。若不應用有效的管理措施，農民幾乎每天都要到他的田地看查，去了解特定害蟲的發生時間及其可能造成的破壞程度。

一、作物蟲害損害的特性

大部分昆蟲因取食危害植物，昆蟲之危害依第二章所提到之口器結構而不同。現今有關的主要作物害蟲之三種最常見的口器形態是：咀嚼式、刺吸式、銼吸式。咀嚼式昆蟲使用類似高等動物的大顎來咀嚼植物組織，此包括甲蟲、毛蟲和蝗蟲。這種昆蟲的損害表現在出現了切孔洞、吃掉葉片部分或其他植物部位（圖 9-1），某些昆蟲，如：切根蟲（*Agrotis* spp.），在底部切割植物的莖並立即殺死植物，尤其是幼小的植物。具有刺吸式口器的昆蟲將鋒利的針狀口器（又稱喙，proboscis）插入寄主植物組織並吸取植物汁液，因而削弱植物。刺吸式口器的昆蟲主要有蚜蟲、椿象和葉蟬。當在死去組織的小斑點周圍出現黃化時可看出其損害，昆蟲已用口器吸走植物汁液（圖 9-2）。

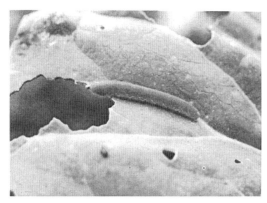

圖 9-1. 咀嚼式口器昆蟲危害狀（AVRDC-World Vegetable Center）。

圖 9-2. 刺吸式昆蟲危害狀（AVRDC-World Vegetable Center）。

銼吸式口器的昆蟲包括薊馬。藉由兩個不對稱的大顎幫助，牠們銼掉植物表面，經由口器吸取滲出的植物汁液進入腸道。此危害由植物表面不規則的黃化斑點來顯示（圖 9-3）。有些薊馬在花朵內或芽內取食，當花展開時則可見到損害，受損的花會變形或掉落。薊馬對植物芽的損壞在某些植物物種會出現

圖 9-3. 銼吸式口器昆蟲危害狀（AVRDC-World Vegetable Center）。

皺摺的葉片。不管何種類型的口器，昆蟲取食會減少農產品產量和降低品質。有些蚜蟲、葉蟬、粉蝨、薊馬的種類也會傳播致病性微生物，特別是病毒，進入所取食的植物。受病原感染的植物會衰弱或死亡。在加工中（製造罐頭）使用的蔬菜和水果，若出現蟲體部位（足、觸角、表皮）或任何昆蟲的卵，當數量超過限制時，會降低農產品的品質且會被拒絕。

二、防治昆蟲的需要

害蟲是人類對食物、纖維和遮蔽處的有力競爭者，尤其是食物。因此必須加以防治，如此方能得到足夠合適的食物、纖維、林產品供我們人類生存和繁榮。

「防治」和「管理」的專有名詞，在過去經常可替換。然而近年來，較喜歡使用「害蟲管理」術語多於「害蟲防治」。因此，在自然界中，害蟲族群即使多到令人類難以忍受，仍可藉由生物（種間競爭、天敵）和非生物因素（雨、極端溫度），始終維持在控制之下。

三、害蟲管理的原則

有效的害蟲管理基於以下四個原則：

（一）作物生物學知識，以及周遭生態系對其造成之影響

這是非常重要的，尤其當評估作物如何及何時發生顯著損害時。在某一階段或季節，儘管害蟲出現，植物可能不會遭受任何損失。例如：豆科植物在熱帶地區，只在開始發芽後 4 週內容易受到莖潛蠅危害。此後，植物迅速生長補償害蟲造成的損害，儘管有害蟲出現但未遭到任何產量損失。在這種情況下，沒有必要去防治害蟲。攻擊植物的繁殖部位，例如：花和果實的害蟲，很少在開花前造成影響，但從開花到最後收成前必須加以防治。後開花期較長的作物，如：豇豆、茄子、辣椒，較其他作物需要更長的保護期。為了儘量減少蟲害，使用較短的後

開花期或同步開花之品系，如此就能一次採收。

（二）生物、生態學以及關鍵害蟲所造成的危害狀知識

此資訊於對付害蟲時，該使用何種害蟲管理措施的選擇是有幫助。例如：蛀食性害蟲，當幼蟲仍停留在植物表面時，一般防治措施的成功機會，比鑽入植物後還更大。溫度、降雨和其他的非生物因素，了解對害蟲生物學上的影響，有助於選擇更經濟的方法來對付牠們。例如：在雨季時，小菜蛾對十字花科損害較少。因為，作為一個植物表面取食者，牠所有生命階段，在物理上受大雨影響或高溼度的影響，從而導致侵染幼蟲的昆蟲真菌病原的增殖。我們也必須知道某一特定作物的關鍵害蟲（重要害蟲），除非採取適當的防治措施，否則關鍵害蟲會在每一個季節導致農產品產量和品質顯著降低。一個特定作物的關鍵害蟲種類可因地點不同而有所差異，某一地點內會因季節而有所變化。因為現有的環境因素影響害蟲生物學的差異所致，我們必須具有某一特定害蟲種類的生物學和危害狀的知識。

（三）環境因素以及影響害蟲生存和繁殖的生物因子的知識

主要生物因子通常包括害蟲天敵。天敵何時活躍，牠們是如何受農藥、雨、超寄生物的影響等，於判斷是否需要額外的防治措施時是有用處的。例如以十字花科為食的小菜蛾，大量的捕食天敵與寄生天敵，在害蟲防治上扮演重要的角色。有大量使用農藥歷史的地區，在雨季期間，這些天敵最為活躍且能防治害蟲族群。此顯然是因為頻繁的降雨從植物表面沖走農藥殘留，有助於無數捕食者的存活。只要暫停使用農藥，這些天敵仍能保持活躍至雨季後的乾旱季節。在熱帶到亞熱帶亞洲地區傳統的蔬菜種植季節，歷經雨季存活的天敵，有助於在緊接著的旱季害蟲的防治。旱季的初期，使用任何化學殺蟲劑皆會殺死這些天敵，但可能加劇該季節日後持續種植十字花科的小菜蛾問題。

（四）尋找關鍵物種的生命史弱點，並據此嚴密制定防治措施

例如甘藷象鼻蟲是一種單食性昆蟲，在屬於旋花科牽牛花屬（*Ipomoea*）植物生存。在非種植季時，清除甘藷種植區與鄰近的野生牽牛花，去除此蟲的食物和遮蔽物，並打斷生命史，如此，牠在正常生長季節對甘藷就不會構成任何威脅。同樣的原則也適用於對抗十字花科蔬菜的小菜蛾，如果農民團體能維持 2-3 個月的無十字花科期，害蟲的生命史被打斷，隨後的十字花科作物則遭受較少的害蟲危害。蔥薊馬取食蔥葉片，但在土壤中化蛹。保持高土壤溼度，有助於減少蟲害，因為薊馬蛹在土壤潮溼時可能被水淹死，或死於昆蟲病原真菌。

四、作物害蟲管理措施

有幾種方法來管理害蟲，可以廣泛分類為永續害蟲管理和非永續害蟲管理。

（一）永續害蟲管理

做法包括可以逐季使用、效果相似，且對環境友善的做法。其中一些需要結合兩個或三個使用。

1. 排除昆蟲或拒絕其接觸寄主植物：檢疫、清除植物物質、保護性農業、玻璃溫室、網室。
2. 在植物種植前後降低害蟲族群：田間清潔、耕作措施。
3. 作物抗蟲品種：古典與生物技術。
4. 直接或危害後的保護：生物防治和性費洛蒙。

有關永續害蟲管理措施的實際操作方式，說明如下：

1. 害蟲排除

(1) 檢疫：此包括入境前和入境後檢疫。每個國家都有關於從其他國家進口種子和植物性植物部分的規則和條例，以測試其是否適合在進口國種植。這些植物應該沒有會引起疾病的生物，為確保這一點，進口國在原先的國家檢疫該物質，以確保該物質不含病蟲害。在一些國家，檢疫是在港口或機場附近的安全地點進行的，在這些地方採取預防措施，不允許在檢疫區域外使用這種材料。一旦證明它沒有病害和害蟲，該材料就可以安全地用於種植。這種方法在減少致病性微生物和害蟲進入方面非常有效。

然而，就昆蟲而言，檢疫不是萬無一失的。一些昆蟲，如水稻害蟲褐飛蝨被強風吹散，如：颱風（也稱為颶風）中攜帶昆蟲從一個國家到另一個國家。大量的蝗蟲遷移，並摧毀其路徑中的綠色植物。在某些天氣條件下，十字花科蔬菜（甘藍、花椰菜、青花菜等）的害蟲會在不同地區之間長距離遷移。包括十字花科蔬菜的小菜蛾和水稻植物上的褐飛蝨，這些昆蟲無法透過檢疫措施來阻止。

(2) 清潔種植材料：對於無性繁殖的作物，例如：甘藷，以幼嫩的 10-15 公分的頂部嫩枝種植，此植物材料在種植前應該要確定甘藷象鼻蟲沒有爬過此枝梢。在作物從幼苗（例如：大多數蔬菜）種植的情況下，必須確保幼苗在葉片或莖上沒有害蟲卵或幼蟲。如果種植受汙染的幼苗，這些昆蟲會從幼苗期開始危害並成為嚴重的害蟲。

(3) 保護性或結構性農業：近年來，花卉和蔬菜等高價值作物多在溫帶國家的溫室，或溫帶和亞熱帶的網室內種植的。在某些情況下，主要目的不一定是昆蟲防治，但這種結構可以透過溫室密封玻璃板之間可能的入口點，或使用適當網目的尼龍網，並保持它們沒有間隙，以防止昆蟲進入。在種植之前澈底清洗蟲網，使灰塵不會堵塞網目，進而減少太陽光的穿透，是必不可少的步驟。

2. 降低種植作物前後的害蟲族群

過去有幾種方法被歸為栽培措施類。

(1) 種植前：在特定地區種植作物之前，確保不再種植同一種作物。部分害蟲

在取食某些植物部位後，會在土壤中化蛹，如果在此地方種植相同或相關的作物種類，從土壤中冒出來的成蟲就開始攻擊新種的作物。如甘藷象鼻蟲在根或莖中生存，準備以同一地點種植的新甘藷作物為食，此種昆蟲還以種植區域在田間休耕時的多種牽牛花屬植物的粗莖為食。當甘藷種植在田間，甚至在上一季節不種植甘藷時，來自這些植物的成蟲仍會遷移到甘藷田並開始危害作物。

(2) 種植後：徒手抓取如攻擊甘藷的甘藷天蛾，或攻擊各種作物的夜蛾大型幼蟲，有助於限制進一步的損害。及時剪掉如茄子果實和芽蛀蟲的受損植物部分，有助於減少害蟲族群，和日後對茄子果實的損害。新鮮受損的枝條可以透過萎凋症狀清楚地區分，通常其內部含有害蟲幼蟲。當開始結果時，此有助於減少茄子果實的害蟲數量。

(3) 間作（intercropping）：兩種或更多種作物鄰近種植——是一種農場規模小、農夫需對可耕地做最大利用，尤其是在熱帶地區蔬菜種植的正常耕作方法，已嘗試利用此方法來減少害蟲的危害。間作有利於減少某些害蟲危害，其益處認為是由於間作所產生的害蟲移動物理障礙，和某些作物所散發的揮發物排斥效應所致（repelling effects）。有些報告指出十字花科蔬菜和番茄的間作，減少小菜蛾對十字花科蔬菜的危害，但這種效益在商業田並不全是符合的。間作也增加作物品種的多樣化，從而增加同一物種的兩個相鄰植株之間的距離。這種增加的距離有助於減少害蟲的傳播，特別是如果害蟲物種是單食性，如：只靠十字花科植物維生的小菜蛾。

(4) 陷阱作物：由在大面積商業田作物區內，沿著邊界有規律的間隔內，種植帶狀昆蟲高度偏好但經濟不重要的作物，此可吸引害蟲遠離經濟主要作物。陷阱作物不是經殺蟲劑處理，以殺死受吸引來的昆蟲，而是不需處理，希望能吸引昆蟲天敵的作物，這也將有助於減少主要農作物害蟲族群。在種植 15-20 行甘藍菜後，種植印度芥菜〔*Brassica juncea* (L.)〕，可吸引大菜螟（*Crocidolomia binotalis*）成蟲到印度芥菜，遠離高麗菜，因而降低主要甘藍菜的蟲害。大菜螟——一種在熱帶對大多數十字花科最具有破壞性的害蟲。

具經濟效益的十字花科作物（如：甘藍、花椰菜、青花菜和其他類似作

物）其邊界種植歐洲山芥菜（*Barbaria vulgaris*），一種野生常年十字花科植物和多年生十字花科植物，吸引最具破壞性的小菜蛾成蟲，將其引導遷移到新種植的作物，使作物免受這種害蟲的攻擊。小菜蛾降落在歐洲山芥菜上，在上面產卵，但幼蟲會在化蛹前死亡。這減少了害蟲族群，並保護了經濟作物。此種措施被稱為「死胡同陷阱作物」。

(5) 灌溉系統改良：降雨是許多害蟲在生物學上重要的非生物死亡因素之一，尤其是表面進食者，如：小菜蛾、薊馬和蚜蟲。雨是這些害蟲在雨季期間不造成嚴重危害的主要原因，雨淹死並沖刷表面進食者到土壤表面，使其昏迷或死亡，在臺灣的甘藍和在夏威夷的西洋菜，已利用此現象發展出噴灌系統來防治小菜蛾。頻繁的降雨也增加相對溼度，而在高溼度的水準下，昆蟲真菌病原將增殖，並感染昆蟲的幼蟲。

(6) 覆蓋物（mulching）：保護性覆蓋物鋪設在地表上，以減少水分蒸發和抑制雜草——可以延伸利用於某些害蟲的防治。當體軟的昆蟲如蚜蟲、薊馬等，可被蔬菜耕作中所使用的反射覆蓋物所驅除。稻草鋪設在土壤上，可提供天敵遮蔽，有助於減少作物害蟲。

3. 抗蟲品種

抗害蟲作物品種（抗性品種），又稱作寄主植物抗性，也可定義為「在相同的環境條件下，其他同一植物的品種引起更大損害時，某一植物品種具有能避免、容忍，或有從昆蟲族群的攻擊中復原的能力」。

(1) 傳統途徑：抗蟲害品種已發展成功並應用於如水稻、小麥、高粱和某些其他穀物和豆類等農藝作物，這些品種可單獨使用或在綜合害蟲管理計畫中與其他防治措施結合使用。使用抗蟲品種的優點包括低成本、容易移轉給農民、對人類和家畜沒有危險，並與所有其他防治措施有兼容性，如上所述的使用農藥。

大部分蔬菜中發展抗蟲品種，尤其是鮮食蔬菜，似乎比許多農藝作物更困難。這是因為昆蟲吃與人類取食相同的鮮食蔬菜部位，而且在任何抗生因子的存在下，造成昆蟲抗性，可能是人類營養無法接受的部位。

一般而言，對刺吸式口器昆蟲，如：蚜蟲、葉蟬、椿象，甚至植物表面進

食的鱗翅目和鞘翅目害蟲更容易找到抗性。然而，讓植物蛀孔的害蟲，如：莖蛀蟲、莢和果實蛀蟲已證明很難找到抗性。

(2) 生物技術途徑：現今已能夠將具有抗蟲害基因從多種植物物種，包括無關的野生種和微生物移轉至商業作物。植物生物技術研究的進步可將理想的基因鑑定、分離、複製到合適的載體（生物將一物種的基因轉至另一物種），並轉移到理想物種，亦可經由傳統的植物育種程序移轉到目標物種。這是一個非常積極努力的領域，研究和進步成果也很壯觀。現今有許多作物已將用於殺死鱗翅目的蘇力菌，其中各種晶體蛋白積極地轉移到各種作物，如：棉花、玉米、茄子、馬鈴薯產生害蟲抗性。

　　無論古典抗性育種或使用現代生物技術工具，寄主植物抗性育種都需要植物育種家和昆蟲學家的團隊努力。它也需要具有廣泛的遺傳基礎（含廣大品種的基因）及可利用性更大的種原（收集作物品種），從而保證抗性基因存在。此增加發現抗性品種的機會，如果它具有較高的產量潛力和理想的品質水準，可直接用於商業化種植。若非可用品種，則可作為親本供轉殖抗性基因到商業用栽培品種。

4. 直接或後危害保護

　　當害蟲已經危害作物時採取這種方法，如果無人注意，昆蟲將造成經濟損失。這種方法可以進一步劃分為以下類別：

(1) 永續方法：包括生物防治、生物農藥的使用、性費洛蒙的使用或這些組成中的兩種組合。這些方法都是相對作用緩慢的，但對人類健康和環境安全。

(2) 非永續方法：使用化學殺蟲劑，這是迄今為止熱帶到亞熱帶地區農民最常用的方法。這些化學品很受農民歡迎，因為它們隨時可使用，並且可以快速起作用。不過這些化學殺蟲劑對環境有害，且昆蟲可能對此化學物質產生抗藥性，使該化學物質長久後無效。

　　有關永續方法的實際操作方式，說明如下：

(1) 生物防治：這是最古老的，而且越來越重要的昆蟲防治方法，因為成本低，且有助於環境安全和永續發展。

①古典生物防治：「生物防治」簡言之，即利用以害蟲為食物的昆蟲，或其

他節肢動物來防治害蟲，並將害蟲族群保持在比未利用節肢動物前平均密度低。它是一種在自然界中出現的不衰現象，使大部分潛在害蟲族群維持在低於破壞性的水準之下。生物防治適用於昆蟲、蟎類、植物病原真菌、線蟲及雜草。但是，該生物防治的研究及實施用於害蟲及一些雜草上最多。

生物防治的生物，大體上分為三類：寄生天敵（parasitoids）、捕食天敵（predators）和病原體（pathogens）。寄生天敵是一種生物，其幼蟲（或其他形式的青春期）在害蟲體外或體內進食。被攻擊的害蟲稱為寄主（host）。寄生天敵只有在牠不成熟期階段，而且在單一寄主體內或外表發育時具破壞性，寄生天敵幼蟲取食寄主完成發育的同時，會慢慢摧毀寄主。寄生天敵成蟲是自由生活的，以蜜露、花蜜和露水為食。寄生天敵往往比寄主小，會攻擊寄主的任何生命階段。攻擊卵的被稱為卵寄生天敵，攻擊幼蟲的被稱為幼蟲寄生天敵。有特定的物種攻擊幼蟲後期，且繼續以寄主蛹為食，在寄主蛹期再孵化成成蟲，牠們被稱為幼蟲——蛹寄生天敵（larval-pupal parasitoids）。極少數寄生天敵會攻擊成蟲。

捕食天敵終生是一個自由生活的生物。牠通常是比被攻擊的昆蟲大型，在此情況下，最好稱被攻擊的昆蟲為獵物（prey），而不是寄主。牠們以獵物的各生活史階段為食，許多捕食者物種是雜食性——攻擊超過一個物種以上的獵物。捕食天敵不是個體積極找尋和捕捉牠們的獵物，是等待意想不到的昆蟲，捉住及吞噬。除了昆蟲外，蜘蛛也是重要的捕食天敵，螳螂、瓢蟲、草蛉是昆蟲捕食天敵的典型例子。

病原體是引起害蟲疾病的微生物，其中包括細菌、真菌、病毒和原生動物。攻擊昆蟲的線蟲有時被認為是病原體，體型比微生物還大，但它們的行為像微生物。蘇力菌是最重要的昆蟲病原，其經濟上的重要性，遠遠超過所有其他微生物聯合，此物種早已商品化。理論上它的使用構成生物防治，它獨樹一格，不被視為一個標準的生物因子。它是利用大多非商業化的微生物，不似「古典」的生物防治因子。寄生性天敵、捕食天敵和病原體統稱天敵（natural enemies）。

②生物防治步驟：有三個與使用寄生天敵防治害蟲有關的基本生物防治程序。分別是：

a. 在有危害問題的地區引進（introduction）或接種釋放（inoculative release）；b. 放大（augmentation）或淹沒（inundation）：大量培養寄生天敵並且定

期規律地釋放；及 c. 利用各種方法保育（conservation）：保護大多數現存寄生天敵及捕食天敵，包括限制使用一些用途或效果廣泛的化學殺蟲劑。

　　a. 引進（接種釋放）：這可能是古典生物防治最常見的步驟。此涉及引進新的寄生天敵、捕食天敵或昆蟲病原種類進入以前未發生的地區，一經引入亦即在一個特定害蟲存在地區釋放，牠們留下來散布和維持自己，雖然其擴散最初可能需透過人為的方法協助，亦即在幾個地點藉由釋放進口天敵以涵蓋較需要控制之更廣大地區的害蟲。在釋放地區已發現好幾世代後，引進的天敵才可被認為是已「立足」。如果要防治的害蟲本身更早已從世界其他地點進入該國或地區，如：熱帶地區小菜蛾從歐洲引進，成功的機會是相當不錯的。

　　b. 放大（淹沒釋放）：此步驟針對維持一個地區的天敵數量高到足夠有效防治害蟲。它涉及到當天敵族群下降時，大量飼養天敵，及田間定期釋放，族群數量的下降可能是由於如偶爾使用農藥、旱災、水災、農作物收成等任何原因。淹沒釋放恢復天敵族群數量，有助於減少害蟲族群。此種利用天敵的做法常用在大型甘蔗田，如赤眼蜂屬（*Trichogramma*）的卵寄生蜂常用來防治甘蔗螟蟲等鱗翅目害蟲。卵寄生蜂是非常小而脆弱的，而且牠們的有效使用有賴於與害蟲產卵有關的準確的釋放時間。

　　c. 保育：此步驟涉及到一個地區已經存在之天敵的更佳利用。保育定義為「避免使用對天敵產生不利影響的害蟲防治措施」。使用廣效性的殺蟲劑，以防治害蟲可能會殺死寄生天敵和捕食性天敵族群，此種方法可以藉由仔細選擇對寄生天敵和捕食性天敵毒性最小的農藥，將有害影響減到最小。蘇力菌對寄生天敵和捕食性天敵無毒性，使用於害蟲防治也不影響天敵。增加天敵的生存、壽命、生殖力和其有效性的措施，也被視為天敵的保育措施。許多寄生天敵的成蟲，取食某些花的花蜜會存活得更好，特別是繖形科（Umbelliferae）植物（如：胡蘿蔔），在作物附近種植這些物種有助於天敵族群的生存。就長期而言，保育天敵可能被證明是所有生物的防治步驟中最重要的，因為幾乎所有的害蟲都在一定程度上被寄生性天敵和捕食性天敵攻擊。

　　(2) 生物農藥（微生物防治）：如上所述推測蟲害防治，利用昆蟲病原構成「生物防治」。然而，其中的病原體——細菌、真菌、病毒、線蟲——無法像成功引入的昆蟲寄生天敵能自我繁殖並保持活躍好幾十年。許多微生物在環境中並

不繁殖，也不會產生流行病。有些則無法在環境中永存，只能防治害蟲不超過1-2週，因而它們必須頻繁地施用於作物上。這種缺乏持續性或自體永續繁殖能力者，給予其產品化與改善防治害蟲效力和殺蟲範圍快速進步的機會。以蘇力菌（*Bacillus thuringiensis*）為基礎的商業產品可用性不斷增加，是此微生物快速商業化的一個典型例子，使用這些商業產品並不構成傳統的生物防治。然而，它們確實為生物防治因子和使用蟲害防治，提供了類似古典生物寄生天敵防治因子的環保效益。此產品可認為是生物殺蟲劑。然而，殺蟲劑此名詞在過去的40年中，通常意味著有毒化學品。此外，近年來，一些用盡方法的殺蟲劑生產者，改良包括部分由微生物發酵產生的一些半合成殺蟲劑，作為「生物農藥」。這是不正確的，因為這些產品以化學殺蟲劑類似的方式，表現在昆蟲和環境互動的行為模式中。

蘇力菌（BT）、核多角體病毒（NPV）、顆粒體病毒（GV）、真菌白殭菌和黑殭菌及線蟲（大多屬於斯氏線蟲屬）已開發出眾多引人關注的商品做蟲害防治。一旦進入昆蟲體內，大部分的微生物釋放出有毒生化物質，引發疾病，並導致攝取它們的昆蟲死亡。這種作用機制已經引起昆蟲品系選汰出耐性產品的可能性。事實上某些昆蟲，例如：小菜蛾，已經發展出對最常用蘇力菌產品的抗藥性。另一方面，雖然這些古典的防治因子如捕食性天敵與寄生性天敵，已使用數十年了，但沒有任何關於昆蟲發展出對古典天敵的抗性，如捕食天敵和寄生天敵的報告。使用微生物製劑的最大優勢在於它們是現成的，它們大多對害蟲有專一性，很少直接傷害捕食天敵和寄生天敵。相反的，使用化學殺蟲劑最大的缺點是捕食天敵和寄生天敵的死亡。這些生物製劑的使用，有助於控制害蟲天敵的生存，保護生物多樣性。這些微生物也對人類無害，因此，農民及食用過農產品加工的消費者均受到保護。許多昆蟲病原微生物往往是作用緩慢，價格相對較化學殺蟲劑高。然而，新的蟲生病原使全世界對農產品加工業更具競爭力，期望讓熱帶地區農民使用可負擔的新昆蟲病原微生物。

必須注意的是，在生物農藥中，某些害蟲，尤其是甘藍害蟲小菜蛾（*Plutella xylostella*），對蘇力菌的部分生物農藥菌株具有抗性。因此蘇力菌的生物農藥方法使用被認為是不永續的，但事實是蘇力菌對有害生物管理中的有效生物防治劑（例如：捕食天敵和寄生天敵）是無毒的，故此部分仍留在蟲害管理章節。

(3) 性費洛蒙：性費洛蒙主要是由鱗翅目和鞘翅目的雌蟲所產生的化學物質，用以吸引同種的雄蟲交配（圖9-4）。這些化學物質，由準備進行交配的處女雌成蟲所產生的，通常是兩種或兩種以上的混合物。性費洛蒙化學物質在非常低的濃度時具活性，而且對特定的物種有高度專一性。許多昆蟲的性費洛蒙的化學結構已被鑑定出，並已合成，有些甚至已商品化。這些化學物質可以三個主要方法用於害蟲防治：

a. 調查與監測：本法將少量（5-10微克）的特定性費洛蒙塗在橡膠帽（rubber septum）或打入一個可滲透的塑膠管內，讓化學物質緩慢揮發。塗有性費洛蒙的橡膠帽或管子，放置在通常塗著黏膠的合適誘蟲器中。雄成蟲受到性費洛蒙化學物質的吸引，以為這些化學物質來自準備交配的雌蟲所釋出，而積極飛向化學物質來源處（圖9-5-①）。在環繞性費洛蒙化學物質飛行的過程中，成蟲陷在黏膠表面且最終死亡。當誘蟲器中出現雄成蟲時，意指其已出現在該田間，或已經開始從其他地方遷入，需要採取適當的措施來打擊害蟲。此種監測應該在作物種植後馬上進行，而且當第一隻害蟲成蟲出現在誘蟲器不久後，應立即採取適當的防治措施。

b. 大量誘殺法：在此步驟中，置入誘蟲器中的性費洛蒙化學物質，通常濃度高於一隻雌蟲正常所產生之濃度。誘蟲器全天放在田間，才能持續捕捉與殺死害蟲（圖9-5-②）。使用性費洛蒙模式最重要的方面，是當牠們一從蛹羽化有機會與雌性交配前，盡可能捕捉更多的成蟲。在極少數的例子下，利用此性費洛蒙的

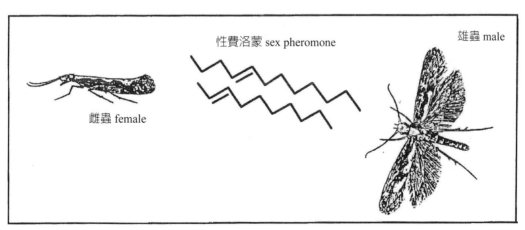

圖9-4. 雌蟲準備誘引雄蟲交尾釋出之性費洛蒙化學物質（AVRDC-World Vegetable Center）。

方法取得巨大成功。

　　c.交配干擾法：在此種技術中，高濃度的性費洛蒙放置在植物冠層的正上方，無須提供誘蟲器（圖9-5-③）。高濃度性費洛蒙揮發，田間空氣中充滿性費洛蒙。這種性費洛蒙的使用方法原理是，如果合成的性費洛蒙釋放到大氣中，並在很長一段時間維持在足夠的濃度，雌蟲所發出的天然性費洛蒙氣味會被遮蓋，且雄成蟲將無法找到雌蟲交配。此種交配失敗，將會停止產生受精卵和繁殖第二代及以後幾代的昆蟲。此技術的使用已證明對果園作物（果樹）害蟲有效。重要的是，高濃度的性費洛蒙應該均勻分布足夠長的時間。某些昆蟲，即使只使用其中一種主要的化學成分，而不是所有性費洛蒙化合物的完全混合物，也已證明能有效地達到干擾交配，此可降低性費洛蒙的成本。在常出現強風的地區或季節，不建議使用性費洛蒙方式。風會將性費洛蒙的化學物質吹離防治區，導致無效，這是因為該技術僅適用於某些果樹害蟲，樹木會阻礙風的流動，且空氣在果園內保持相對平靜。

（二）非永續害蟲管理

　　此方法包括施用化學農藥，這些方法一季又一季地使用，導致昆蟲害蟲變得對殺蟲劑具有抗藥性，並且這些殺蟲劑對於再次處理昆蟲害蟲變得無用。這些化學物質還殺死天敵（捕食天敵和寄生天敵），從而減少了牠們在防治害蟲中的作用。

　　施用化學藥劑將在第十章討論。

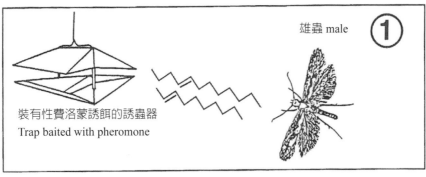

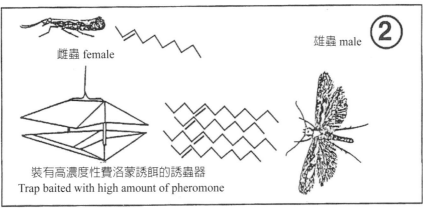

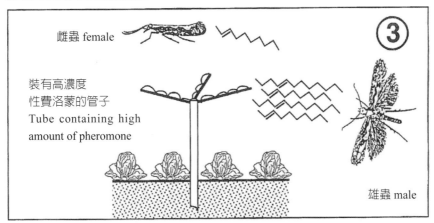

圖 9-5. 以不同方式利用性費洛蒙進行害蟲的管理（主要是鱗翅目與鞘翅目）。①合成的性費洛蒙化學物質放在田間誘蟲器內，在田間來偵測害蟲危害開始發生之時機；②利用比正常雌蟲所產生之性費洛蒙更高濃度的誘餌，持續吸引遠離雌蟲的雄蟲與殺死；③定期用高濃度之性費洛蒙放在作物上方（沒有誘蟲器），讓田裡空氣充滿性費洛蒙，造成雄蟲迷惑，無法偵測到預備交尾之雌蟲釋放之性費洛蒙，此可以停止雌蟲產卵與進一步之繁殖（AVRDC-World Vegetable Center）。

第十章

害蟲管理方法
——非永續（殺蟲劑）

　　此種防治方法涉及開發使用有毒的化學物質來殺死害蟲，所有用於防治有害生物——昆蟲、蟎類、病原微生物、線蟲、雜草——稱作農藥（pesticides）的化學品。殺昆蟲的稱殺蟲劑（insecticides）；殺蟎類的稱殺蟎劑（miticides 或 acaricides）；防治真菌病原的稱殺真菌劑（fungicides）；殺線蟲的稱殺線蟲劑（nematicides）；除雜草的稱除草劑（herbicides）；係在可能的情況下用於防治昆蟲的化學品，因此，最好被指定作為殺蟲劑，不只是農藥。

　　一般的殺蟲劑對人體往往具毒性。殺蟲劑也比其他類農藥較不具水溶性，且在環境中更持久。大多數殺蟲劑是神經毒藥物，但也有一些有不同的作用模式。殺蟲劑在農民間的流行是因為市場的可得性，這些化學品在未發展出抗藥性時仍然有效，能快速防治害蟲。隨著頻繁使用，昆蟲產生抗藥性，這些化學物質逐漸變無效。

　　在第二次世界大戰之前，殺蟲劑並不常見，而那些可用的殺蟲劑是無機化學品，它們不如現代有機化學品有效。在此期，從植物如除蟲菊和菸草（尼古丁），特別是除蟲菊等植物中提取的殺蟲劑可供使用，但數量不足以進行大規模害蟲防治。此外，它們在田間噴灑時會被陽光不活化。這些化學品仍然存在，並且加入合適的添加劑而更能持久，但其供應非常有限。

　　為了更了解其效用，這些化學物質分為兩類：一、根據進入昆蟲體內的方法；二、化學性質為基礎。

一、根據進入昆蟲體內的方法

根據農藥進入昆蟲體內的方法，殺蟲劑可分類為胃毒劑、觸殺劑和熏蒸劑。胃毒劑是那些與食物一起由口進入的農藥，如：噴灑在植物上的殺蟲劑和食物一起被昆蟲吃下。觸殺劑是農藥透過接觸進入昆蟲體內，如：昆蟲在爬行過程中接觸噴灑在植物上的農藥。熏蒸劑或吸入毒是化學物質在環境中的蒸發，並經由昆蟲的氣孔和氣管系統（呼吸系統）進入昆蟲體內，這是較早的分類法，有一定的局限。目前，有許多農藥可以同時作為胃毒劑和觸殺劑，而其他作為胃毒劑和觸殺劑的也可作為熏蒸劑。

二、化學性質為基礎

根據其化學結構、性質和來源（天然、合成、有機和無機）將殺蟲劑分組，這是相當易了解且有用的，它包括增效劑（synergist），本身不會殺死昆蟲，而是增強幾種殺蟲劑對昆蟲的毒性。在本書中，所有殺蟲劑的資訊將根據此分類法教授。分為以下類別：（一）有機氯或氯化碳氫化合物（Chlorinated hydrocarbons）；（二）有機磷類（Organophosphorus）；（三）胺基甲酸鹽劑（Carbamates）；（四）合成除蟲菊劑（Synthetic pyrethroids）；（五）醯基尿素（Acyl urea）；（六）甲醯類（Formamidine）；（七）阿維菌素（Avermectins）；（八）吡咯（Pyrrole）；（九）苯吡唑類（Phenylpyrazole）；（十）菸鹼類（Nicotinyl）；（十一）賜諾殺類（Spinosyn）；（十二）植物或天然殺蟲劑：植物源殺蟲劑，它們包含除蟲菊、魚藤酮和「苦楝」產品。

大部分殺蟲劑商品已廣泛使用 70 年的屬於第二類，將在以下篇幅描述。

（一）有機氯或氯化碳氫化合物（Chlorinated hydrocarbons）

含有毒性作用的氯化環結構，這些化學物質是神經毒素和攻擊昆蟲的周邊神經系統。該群組中的許多環氯殺蟲劑，因為在環境中的持久性在大多數國家是

被禁用的。本群組例子是 DDT、地特靈（dieldrin）、靈丹（lindane）、飛佈達（heptachlor）等。

（二）有機磷類（Organophosphorus）

農藥含有毒性作用的磷酸基（P-O）或硫磷醯（P-S），作為重要毒性作用的功能基，這些農藥是神經性毒物且攻擊中樞神經系統。有機磷殺蟲劑對昆蟲以及高等動物具有很強的毒性。它們也比有機氯在環境中不持久，本群組農藥廣泛使用於害蟲防治，例子如馬拉松（malathion）、大滅松（dimethoate）、美文松（mevinphos）、亞素靈（monocrotophos）等。

（三）胺基甲酸鹽劑（Carbamates）

含有羧基（-OCONH）是毒性作用必要的結構。如同有機磷殺蟲劑，胺基甲酸鹽劑對昆蟲和高等動物具有很強的毒性，但它們被認為對高等動物是比有機磷類殺蟲劑相對安全，因為已中毒的動物，在中毒後期甚至可以恢復。不像有機磷類殺蟲劑，時間越久，恢復的機會越少。此類農藥在環境中較不能持久且被廣泛用於害蟲防治。這個群組的例子如加保利（carbaryl）、加保扶（carbofuran）、得滅克（aldicarb）等。

（四）合成除蟲菊劑（Synthetic pyrethroids）

人工合成的化學物質，其基本結構類似從除蟲菊植物花朵中萃取的天然除蟲菊精，但稍加改良以增加其在環境中的穩定性，尤其是陽光。這些化學物質，攻擊周邊神經系統，在 1970 和 1980 年代引進時，低劑量即對害蟲防治非常有效。本群組例子有賽滅寧（cypermethrin）、第滅寧（deltamethrin）、百滅寧（permethrin）等。

（五）醯基尿素（Acyl urea）

　　含有醯基尿素（RN=C=NR）功能基的農藥，即所稱的昆蟲生長調節劑（IGRs），在幼蟲蛻皮時殺死昆蟲。這是因為合成幾丁質——一個組成昆蟲表皮部分的重要氨基糖，剛蛻皮形成外殼的幼蟲受到醯基尿素干擾，結果，幼蟲因不能形成一個新的表皮層而死亡。此群組的例子有二福隆（dimilin）、得福隆（teflubenzuron）、克福隆（chlorfluazuron）等。

（六）甲醯類（Formamidine）

　　此類農藥對昆蟲和蟎類有獨特的效果，其獨特性包括透過接觸和蒸氣殺卵（殺死卵）。這些化學物質保護植物和動物免於節肢動物損害的機制很複雜，是結合致死和亞致死效應的結果。亞致死效應包括中斷進食和繁殖。只有兩個甲醯類如三亞蟎（amitraz）及 chlordimeform 已成功商業化。然而，目前只有三亞蟎可取得；但因為其對人體有慢性毒性，所有國家已禁止販售。

（七）阿維菌素（Avermectins）

　　是從土壤真菌放線菌（*Streptomyces avermitilis*）所分離的巨環內脂。幾個密切相關的天然阿維菌素是在發酵過程中產生。阿巴汀（abamectin）是普通名，對蟎類、少數昆蟲和線蟲是有效的。伊維菌素（ivermectin）是一種使用於動物健康的半合成產品。因滅汀（emamectin）是另一種阿維菌素的半合成產品，能有效對抗廣泛的害蟲。當神經元氯離子通道打開時，這些化合物干擾 γ- 氨基丁酸（GABA）的氯離子門，氯離子流量產生，導致細胞失去功能及干擾打斷神經衝動。

　　上述化學物質，在低劑量下（10-25 克活性成分／公頃）對昆蟲和蟎蟲很有效，它們被廣泛應用於東南亞的蔬菜種植。此群組例子有阿巴汀和因滅汀等。

（八）吡咯（Pyrrole）

此類化合物，dioxapyrrolomycin 是由美國氰胺公司的研究小組，從土壤眞菌鏈黴菌（*Streptomyces fumanus*）中分離出來。Pirate 或 Alert 是取食及接觸後具廣效性的殺蟲／殺蟎活性的領先產品。對已發展出環狀二烯類化合物、有機磷、氨基甲酸鹽，和人工合成除蟲菊精殺蟲劑有抗藥性的昆蟲是有效的。它具有中等殘留活性，並對鞘翅目、雙翅目、半翅目和蟎類廣範圍的有害生物種類有效。

（九）苯吡唑類（Phenylpyrazole）

此群組的殺蟲劑，以芬普尼（fipronil）爲代表，廣效防治的害蟲包括蚜蟲、葉蟬、飛蝨、鱗翅目和鞘翅目。它是 GABA 氯離子通道阻斷劑，此種獨特的作用機制，使得芬普尼對有機磷劑、氨基甲酸鹽類，和天然除蟲菊精化合物產生抗藥性的昆蟲物種有效。透過攝入及接觸，它具有效且有系統性（在植物體內運行）的特性。

（十）菸鹼類（Nicotinyl）

這些化學物質與在中樞和周圍神經系統的菸鹼酸乙醯膽素感受體互動，從而造成昆蟲興奮和癱瘓、死亡。益達胺（imidacloprid）和亞滅培（acetamiprid）是兩個農業中的重要尼古丁類商品。益達胺對防治蔬菜種植的蚜蟲、葉蟬、粉蝨是非常重要的，這是因爲有相當的水溶性和良好的木質部移動性，因此適合用於種子處理和土壤施用。致死濃度的益達胺，對蚜蟲的取食行爲具有較強烈的影響，進而抑制排出蜜露，其後因飢餓死亡。此類農藥在鱗翅目昆蟲的蔬菜綜合防治中的生物防治是非常重要的，因爲會對蜜蜂產生影響，在歐洲有使用限制，可能其他地區也如此。

（十一）賜諾殺類（Spinosyn）

　　從一個新的放線菌（刺醣多胞菌，*Saccharopolyspora spinosa*）萃取出來，賜諾殺（spinosad）是該類的領頭化合物，為 spinosyn A 和 spinosyn D 的一種混合物，它會導致在昆蟲神經系統中的尼古丁乙醯膽鹼受體持續活化，一種獨特的作用機制且不會與其他已知的殺蟲劑有交叉抗藥性。賜諾殺在攝入和接觸昆蟲時很活躍，可防治鞘翅目、雙翅目、膜翅目、等翅目、鱗翅類、蚤目及纓翅目等廣範圍昆蟲。

（十二）植物或天然殺蟲劑

　　從植物中萃取用於蟲害防治的是來自紅花菸草（*Nicotiana tabaccum*）和黃花菸草（*N. rustica*）的菸草葉、除蟲菊（*Chrysanthemum cinerariaefolium*）花的菸鹼尼古丁（nicotine）、魚藤（*Derris elliptica*）及其他豆科植物根的魚藤酮（rotenone），以及有各種對抗昆蟲及蟎類作用機制，從印度苦楝種子中提取的印度楝〔*Azadirachta indica* (A. Juss.)〕化學混合物。

1.菸鹼尼古丁

　　尼古丁從紅花菸草及黃花菸草葉片取得，含量約 2-8%，但它也出現在其他的植物。活性菸鹼化合物的化學名是 1-3-(1-methyl-2-pyrrolidinyul)-pyridine。商品名為「黑葉 40」，是指含有 40% 菸鹼硫酸鹽的混合物。尼古丁是油狀液體，可與水混溶，並且可溶於一些有機溶劑中。硫酸鹽的形式是穩定的，易溶於水和酒精。游離尼古丁容易揮發，使用於溫室熏蒸。硫酸菸鹼是食葉害蟲的胃毒劑，當硫酸菸鹼噴灑在植物上時、會逐漸釋放尼古丁，並用於長期間內能有效的防治害蟲。

2.除蟲菊精

　　除蟲菊是人類所知道的一種最古老的有機殺蟲劑，甚至在今天，它仍和國內使用的許多新型殺蟲劑同具競爭力。主要是由於除蟲菊對哺乳類低毒性、非持久性，加上對昆蟲的高毒性及其快速擊倒效用。

「除蟲菊酯」是指菊科菊屬植物花的乾燥粉狀物質。商業重要的唯一物種是白花除蟲菊（*C. cinerariaefolium*）。「除蟲菊精」的專有名詞是指所有除蟲菊花有毒成分。

磨過的花可以用作殺蟲劑，但非常浪費。可以從磨過的花，使用石油醚、丙酮、冰醋酸、二氯化乙烯，或甲醇提煉濃縮除蟲菊精。工業級除蟲菊精包含 20-30% 的有毒成分。

除蟲菊精一般都是與增效劑結合，使用於對多種成蟲的油類噴霧劑和氣膠。增效劑的作用是防止或儘量減少在昆蟲體內的除蟲菊精的分解，以容許致死作用。一般家庭用製劑含有 0.5% 除蟲菊精和 5% 的增效劑，通常是胡椒基丁醚（piperonyl butoxide）。

除蟲菊已用於許多農作物中的蚜蟲、甲蟲、粉介殼蟲、葉蟬、薊馬，和某些鱗翅目害蟲的防治。然而，最近幾年限制在重要公共健康的昆蟲防治的使用。

3. 魚藤酮

許多世紀以來，含魚藤酮類的植物已被用作毒魚的藥劑。魚藤酮的名字在 1902 年由長井長義從魚藤（derris）分離出相同的化學物質而命名，有幾種屬於豆科的植物含有上述相關的化學物質。魚藤酮的重要經濟來源是在馬來西亞和印尼發現的魚藤（*Derris elliptica*）和麻六甲魚藤（*D. malacensis*），當地乾燥產品被稱為魚藤或 tuba。

魚藤酮以磨過的根、樹脂或為如氯仿溶劑所萃取結晶材料的形式使用。魚藤酮對魚具高毒性，故農業用有限制。

4. 苦楝

本類可能是目前最重要的產品，也逐漸在蔬菜農民之間流行。原產於印度，苦楝樹（*Azadirachta indica*）也被稱為印度楝或印度紫丁香。它是多年生的遮蔭樹，很少需要維護。一個相近種，苦楝（chinaberry tree）或波斯紫丁香〔*Melia azadirach* (L.)〕，含有與印楝所發現的類似活性成分，從種子和葉子的萃取物可防治害蟲。萃取時，只要將葉片或種子軋碎並浸於水、酒精或其他溶劑即可。萃取物中含有四個主成分或二十個次要成分，無須提煉即可使用，或最具活性的成分可以被分離並配製成商業產品。受影響的昆蟲不再進食、繁殖或變態，就不會

進一步損害作物。

　　主要棟樹的化學物質是三個或四個相關的化合物，包括印棟素（azadi-rachtin）、苦棟子三醇（meliantriol）、salannin、nimbin 和 nimbidin 的混合物。它們屬於檸檬苦素類（tetranortriterpenoid）化合物。

　　(1) 印棟素：防治害蟲的主要成分，對多數害蟲種有 90% 的效果，其濃度範圍從 2-4 毫克／克種仁，這是一個取食抑制劑和生長調節劑，驅避及破壞害蟲的生長與繁殖。

　　(2) 苦棟子三醇：它是一個取食抑制劑，在極低的濃度下會導致昆蟲停止進食。

　　(3) Salannin：這是一個強大的取食抑制劑。

　　(4) Nimbin 及 nimbidin：這些化學物質顯示出抗病毒活性。

　　其他次要的化合物在某種程度而言，也具有主要化合物活性。Deacetylazadi-rachtin 與印棟素同樣活躍。有些苦棟化合物是系統性的，當暴露在陽光下時，苦棟產品會降解而失去其防治害蟲的機制。

　　苦棟的作用機制──苦棟製劑呈現出以下效果：

　　(1) 部分減少或完全抑制取食／有時減少卵的孵化率。

　　(2) 縮短成蟲的壽命。

　　(3) 雌蟲產卵的忌避劑。

　　(4) 直接的殺卵作用。

　　(5) 對幼蟲、若蟲或成蟲有拒食作用。

　　(6) 形成永久性幼蟲，沒有蛹或成蟲形成，造成昆蟲死亡。

　　(7) 調節幼蟲（或若蟲）齡期的蛻皮，特別是前蛹期間的蛻皮，產生幼蟲─蛹、若蟲─蛹、若蟲─成蟲和蛹─成蟲的中間體，成蟲殘廢（Ascher, 1993; Perry et al., 1998），也無法生殖。

　　這種廣效性的活性會降低目標害蟲對苦棟產品產生抗藥性。截至 2013 年年底，並無任何苦棟產品害蟲產生抗藥性的報告。該產品含有各種化學物質，並透過這些化學物質的組合殺死昆蟲。儘管使用了將近二十年，仍沒有昆蟲對印度棟樹產生抗藥性。印棟對昆蟲害蟲天敵和人類也是安全的，它的使用構成真正的「可永續害蟲防治」。

三、殺蟎劑

　　植食性蟎約有一百五十種以上是作物嚴重性害蟎。當非專一性殺蟲劑用於防治害蟲時，捕食性害蟲常被消滅而不會減弱植食性蟎類。生活史短的蟎類會快速對殺蟎劑發展出抗藥性。殺蟎劑開發的歷史指出，這是化合物與蟎間重複的工作（用更多的殺蟎劑，則更多的蟎產生抗藥性），和許多類型的化合物已被開發。爲方便理解這些藥劑，就根據作用機制進行群組討論。

（一）CPCBs 和得脫蟎

　　CPCBs 是選擇性殺蟎劑，對卵和幼蟎有效。使用得脫蟎（tetradifo）處理，雌成蟎會產下不孕卵。使用 CPCBs 處理過的卵會發育直到孵化前死亡，而使用得脫蟎處理的卵早期會死亡，兩化合物間並無交叉抗藥性。CPCBs 和硫化二苯基（diphenylsulfide）轉換爲得脫蟎。

（二）亞硫酸鹽

　　蟎亞硫酸酯對蟎類有效，但不殺卵，雖然它抑制 Mg^{2+}-ATP 酶的酶，但其作用機制是不清楚的。

（三）有機錫化合物

　　芬佈賜（fenbutatin oxide）及錫蟎丹（cyhexatin）對卵以外各時期的蟎類有效，會抑制 Mg^{2+}-ATP 酶，以及如 Na^+, K^+-ATP 酶。

（四）Quinoxalines

Quinomethionate 對蟎類各個時期有效。水解釋出的硫醇化合物（QDSH）能抑制 SH 酶。

（五）有機磷殺蟎劑

一些有機磷殺蟲劑也殺蟎，CMP（phenkapton）專門防治蟎類。這些殺蟎劑間常發展出交叉抗藥性，往往增加排毒或減少 AChE 乙醯膽鹼酯酶敏感性。

（六）合成除蟲菊

許多合成除蟲菊引起蟎類復活（增加族群），但一些合成除蟲菊對抗蟎類有效，它們不具有殺卵效果，而且據信這些殺蟎合成除蟲菊的作用機制，與相關合成除蟲菊對抗昆蟲的作用機制不會大不相同。殺蟎合成除蟲菊的例子有福化利（fluvalinate）、護賽寧（flucythrinates）、芬普寧（fenpropathrin）、合芬寧（hafenprox）及畢芬寧（binfenthrin）。

（七）甲脒、章魚胺受體化合物和大克蟎

甲脒（formamidine）殺蟲劑如克死蟎（chlordimeform）和三亞蟎（amitraz），對蟎類所有時期皆有效，其代謝物 N-demethyl-chlordimeform（DCDM）和 U-40481 是真正的殺蟎化學物。汰芬隆（diafenthiuron）在轉換成碳二亞胺（carbodiimide, DFCD）後顯示出章魚胺受體作用（octopaminergic action）。大克蟎（dicofol）是聯苯甲醇的代表，聯苯甲醇是 DDT 在昆蟲中的解毒產品，但在蟎蟲的所有階段都有效，導致蟎類逐漸癱瘓和死亡。三氯殺蟎醇的抗藥性不是很高，抗藥性蟎對環境的適應性往往太低而無法存活。DDT 首先引起昆蟲的興奮，但大克蟎處理的蟎慢慢癱瘓。大克蟎可作用於章魚胺受體或通過對 GTP 結合蛋白的作

用抑制環 AMP（cAMP）合成。

（八）合賽多、克芬蟎和幾丁質合成抑制物

合賽多（hexithiozox）和克芬蟎（clofentezine）除成蟎外，影響所有蟎類時期。此兩種化學物質的化學結構不同，但它們之間經常發生交叉抗藥性。由於表皮層形成的異常，蟎沒有蛻皮而死亡。作用方式尚不清楚，但在克芬蟎和苯甲醯基苯基脲類殺蟎劑如氟芬隆（flufeboxuron）和氟氯脲（flucyclosuron）之間發生交叉抗藥性。甲醯基苯基脲（benzoylphenyl ureas）和布芬淨（buprofenzin）都是殺蟲劑和殺蟎劑。依殺蟎（etoxazole）是一種 2,4- 二苯基噁唑啉衍生物，對蚜蟲以及蟎蟲的卵、幼蟲和若蟲具有極好的活性，但對成蟎不具有活性。發生類似於合賽多的抑制蛻皮過程，但它對抗 hexythiazox 蟎類的蟎有效。

（九）解偶聯（Uncouplers）

百蟎克（binapacryl）是將轉換自酚而影響蟎的所有時期。扶吉胺（fluazinam）作用於卵與幼蟲但不是成蟎。Fenazaflor 轉換成 DTFB 以影響所有時期的蟎類。克凡派（chlorfenapyr）是廣效性殺蟲劑，同時也對葉蟎屬（*Tetranychus*）有效。

（十）電子傳遞鏈抑制劑（Complex I）

畢達本（pyridaben）、芬普蟎（fenpyroximate）、得芬瑞（tebufenpyrad）、pyrimidigen 和芬殺蟎（fenazaquin）對蟎類所有時期有效，它們之間有交互抗藥性存在。雖然其作用機制不清楚，DPX-3792 其對蟎類各期有效，會抑制電子傳遞系統。

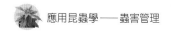

（十一）GABA-ergic 化合物

得氯蟎（dienochlor）是一種氯化環二烯，用於觀賞植物，預期會抑制 GABA 受體功能。有數種殺蟎抗生素，阿巴汀是來自鏈黴菌（*Streptomyces avermitilis*），而密滅汀（milbemectin）是來自 *Streptomyces hygroscopicus* subsp. *aureolacrimosus*，兩者皆作為 GABA 促效劑，有殺蟎與影響蟎類各時期效用。多抗甲素（polynactin）也是一種殺蟎抗生素，由鏈黴菌（*Streptomyces aureus*）產生。

（十二）Phenothiocarb

此化學物質對全爪蟎屬（*Panonychus*）各時期特別有效，特別是將孵化之卵。西脫蟎（benzomate）對所有全爪蟎屬各時期都有效。

四、熏蒸劑

熏蒸是一種重要的土壤消毒方法，用於土壤昆蟲、線蟲、真菌和雜草種子防治，熏蒸劑不會在熏蒸物上留下有毒殘留物，對倉庫害蟲（昆蟲攻擊貯存穀物和其他食品）和真菌的防治非常重要。化學熏蒸劑因為揮發性很高，必須用在封閉的空間，如：溫室、食品貯存倉庫等。至於土壤處理，則是土壤表面必須先鋪上塑膠布，以防止熏蒸劑的散失。最早商業用熏蒸劑是氰化氫，用於對美國加州柑橘樹介殼蟲的防治。

（一）氰化氫（HCN）

氰化氫是一種對空建築物或容器有效的熏蒸劑，但穿透力較差，因此不使用於貯存穀物的昆蟲防治或土壤消毒。大多由檢疫人員於處理植物材料時使用，以避免引進害蟲和植物病害。

（二）溴化甲烷（CH₃Br）

溴化甲烷是帶焦味和甜味的無色氣體，高濃度時有氯仿樣氣味，它是高度揮發性熏蒸劑，用於溫室的土壤消毒、土壤中線蟲防治、貯藏產品害蟲防治及建築物中乾木白蟻的防治。溴化甲烷對所有包含卵的昆蟲發育階段有毒性，為廣泛使用的熏蒸劑。不過，對植物毒性太高，且不會自動警告（無異味或顏色）；因此對操作者十分危險。最近，可能是考量對人體健康和環境、地下水、臭氧層及其致癌性等潛在負面影響，溴化甲烷已受到健康及環保單位的監督（Danse et al., 1984）。

（三）磷化氫（PH₃）

磷化氫是一種無色氣體，有類似大蒜的氣味。磷化氫是穀類和其他倉貯產品的熏蒸劑，它於磷化鋁與水的交互作用中釋放。磷化鋁大多數的優良商業配方包括約 40% 的碳酸銨，在出現水時釋放出氨和二氧化碳，產生的氣體混合物是不可燃或爆炸性的。磷化氫的製劑主要是片劑型式，磷化氫也可透過放置片劑於室外洞穴開口來防治齧齒動物，施用後封閉洞口。

（四）四氯化碳（CCL₄）

四氯化碳是一種無色液體，有甜味，不可燃且無腐蝕性，主要用於貯存穀物的熏蒸。對昆蟲的毒性相當低，但不易造成火災危害，所以它通常用在添加有效力的殺蟲熏蒸劑，如：二氯乙烷、二溴乙烷、二硫化碳和溴化甲烷。因其滲透率佳，對深穀物層的圓筒倉（silo）很有用。

（五）二溴乙烷（EDB, C₂H₂Br₂）

二溴乙烷是一個分子量重、無色的液體，具有類似氯仿的氣味，不可燃，暴

露在光照下會轉變成棕色。二溴乙烷用於穀物和土壤的熏蒸劑。

（六）萘（$C_{10}H_8$）

萘是無色、片狀晶體，帶有樟腦丸的特殊氣味，長期用作家庭熏蒸劑來對付衣蛾。普通使用的萘是安全的。除了小孩誤食樟腦丸及長時間用萘貯藏嬰兒衣服的危險性外，一般使用相當安全。

五、殺蟲劑抗藥性

害蟲對殺蟲劑產生抗藥性是一種自然現象。首次使用時，殺蟲劑可殺死99%的目標有害生物個體。然而，在使用一段時間後，殺死效率逐漸降低，標的昆蟲由於「自然選汰」的自然演化現象而逐漸具有抗藥性。害蟲物種中最具抗藥性的品系在殺蟲劑量下能夠存活，該劑量將殺死大多數個體但不是所有（圖10-1）。牠們的生存能力是由於其基因組成的細微差異所致，然後這些個體繁殖並傳遞其抗藥性基因到下一代的子代。這種情況在自然界不會減弱，並且透過這種遺傳選汰，最終該物種的整個族群都變得具有抗藥性。為了延緩這種不可避免的情況，必須根據損害的質和量，在必要時使用殺蟲劑。如果必須使用一種殺蟲劑，請選擇不同作用機制的二至三種殺蟲劑。同一殺蟲劑不能連續使用兩次以上。使用另一種殺蟲劑，最好使用不同作用機制的殺蟲劑，此將推遲昆蟲對殺蟲劑產生抗藥性。

六、合成殺蟲劑與殺蟎劑使用的不利影響

近年來，對使用化學殺蟲劑的依賴，已經受到大眾的強烈批評，而在幾個已開發國家中，使用上更面臨著不斷增加的法律限制，這是因為在不斷增加的害蟲間所發展出的抗藥性、環境汙染、對消費者的健康危害，以及破壞節肢動物的生物多樣性。由於缺乏簡單而有效的替代防治措施，農民使用越來越高的劑量，某些情況下混合化學農藥，以防治害蟲。增加了生產成本，殺死比以往更多的捕食

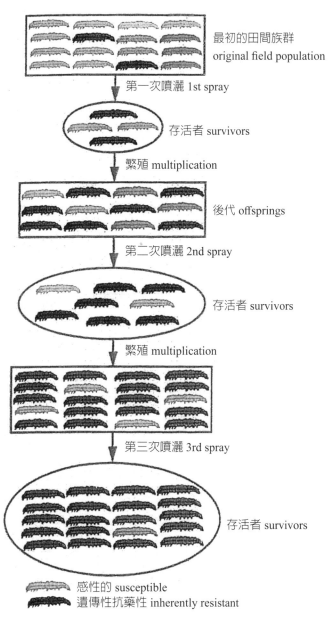

第一次噴灑 1st spray

存活者 survivors

繁殖 multiplication

後代 offsprings

第二次噴灑 2nd spray

存活者 survivors

繁殖 multiplication

第三次噴灑 3rd spray

存活者 survivors

最初的田間族群
original field population

感性的 susceptible
遺傳性抗藥性 inherently resistant

圖 10-1. 於連續施用農業後，選汰出昆蟲的抗藥性品系（AVRDC-World Vegetable Center）。

天敵和寄生天敵，某些程度上，是有助於在保持害蟲在維持防治率以下。殺害這些天敵有時會導致標的害蟲的恢復，或以前的次要害蟲最終成為對作物的主要威脅。此種農藥使用，威脅施用殺蟲劑的農民及攝食農藥汙染的農產品的消費者，特別是蔬菜。一些化學農藥在土壤中累積，並由種植在土壤的作物吸收。有些化

學物質滲入土壤層，最終進入地下水加劇了汙染問題。

　　在一個國家使用殺蟲劑，是由該國法律所管轄。在大多數國家，用於防治害蟲的農藥要向政府機關註冊。已登記在某些作物害蟲防治的農藥，無法用在未登記任何用途的其他作物上，因此，對於使用於防治某些害蟲的殺蟲劑，建議諮詢當地政府的官方推薦。

第參卷

作物害蟲

任何植物保護活動的目的，都是爲了保護農作物免受害蟲的危害。爲了設計出最有效的措施來實現此一目標，必須了解害蟲的生物學、危害性質以及害蟲攻擊會導致農產品產量和品質嚴重損失的植物生長階段。對有害生物的生物學和危害性質的知識，就可以讓農民判斷有害生物的生命週期中的最弱點，當與有害生物對戰時最小限度地努力，就可有效地防治該有害生物，將可降低對戰害蟲時的成本與努力。在本卷中，描述了東亞和東南亞主要農作物的重要害蟲生物學和引起的危害性質。每個國家都有自己推薦使用的殺蟲劑。然而，隨著時間的流逝，害蟲變得對殺蟲劑具有抗藥性，這種建議在一段時間內不起作用。因此，在本卷中，沒有提到使用殺蟲劑對抗害蟲。

第十一章

水稻害蟲

　　水稻主要是種植在世界上炎熱與潮溼的地區，亞洲貢獻了世界大約 60% 的水稻生產。由於理想的氣候和全年都可種植稻米，害蟲相對容易產生，因此，耕作時水稻極容易遭受害蟲危害。水稻植株的所有部分，從播種、插秧到採收，有時連倉貯時期都會有昆蟲取食。據報告顯示，雖然大量的昆蟲（超過八百種）以稻米為食，但在亞洲只有約二十種很重大影響的種類（Grist and Lever, 1969）。除了直接取食危害外，有些種類也是嚴重的水稻病害的傳染媒介。

重要害蟲有：

(1) 水稻象鼻蟲〔Rice Plant Weevil, *Echinocnemus squameus* (B.)〕（鞘翅目：象鼻蟲科）

(2) 水稻水象鼻蟲〔Rice Water Weevil, *Lissorhoptrus oryzophilus* (K.)〕（鞘翅目：象鼻蟲科）

(3) 二化螟〔Rice Striped Borer, *Chilo suppressalis* (W.)〕（鱗翅目：螟蛾科）

(4) 三化螟〔Yellow Stem Borer, *Scirpophaga incertulas* (W.)〕（鱗翅目：螟蛾科）

(5) 綠葉蟬（Green Leaf Hopper, *Nephotettrix* spp.）（半翅目：葉蟬科）

(6) 電光葉蟬〔Zigzag Leaf Hopper, *Recilia dorsalis* (M.)〕（半翅目：葉蟬科）

(7) 褐飛蝨〔Brown Plant Hopper, *Nilaparvata lugens* (S.)〕（半翅目：飛蝨科）

(8) 斑飛蝨〔Smaller Brown Plant Hopper, *Laodelphax striatellus* (F.)〕（半翅目：飛蝨科）

(9) 白背飛蝨〔White-backed Plant Hopper, *Sogatella furcifera* (H.)〕（半翅目：飛蝨科）

(10) 黑椿象〔Rice Black Bug, *Scotinophara lurida* (B.)〕（半翅目：椿科）

(11) 瘤野螟〔Rice Leaf Folder, *Cnaphalocrocis medinalis* (G.)〕（鱗翅目：螟蛾科）

(12) 稻心蠅〔Whorl Maggot, *Hydrellia sasaki* (Yuasa et Isitani)〕（雙翅目：水蠅科）

(13) 水稻負泥蟲〔Rice Leaf Beetle, *Oulema oryzae* (K.)〕（鞘翅目：金花蟲科）

並非所有物種在損害稻作上都同樣重要。此外，隨著時間的推移，再加上氣候變化、新品種引進、耕作措施的改變及使用殺蟲劑等，危害水稻的害蟲物種範圍有所變動。我們將首先討論昆蟲的生物學及其所造成的損害。在許多情況下，昆蟲所造成的損害及其生物學差別都不大，因此，我們將在本章討論防治措施。

一、水稻象鼻蟲（*Echinocnemus squameus*）

生物學：象鼻蟲成蟲（圖 11-1）從休眠狀態出現，於 5 月底遷移到稻田，與雨季稻作的種植時間一致。稻田邊緣區的植株遭受更多的危害。雌成蟲在水上行走，然後潛入最接近水稻植株處土壤表面的水內產卵，卵期 6-10 天。

剛孵出的幼蟲鑽入土中，幼蟲以腐爛的有機質為食物，很少以水稻根為食。發育完全的幼蟲通常在 9 月底化蛹，但無法在被水淹的條件下化蛹。幼蟲在稻殘株中越多，成蟲在周圍的雜草根多眠。每年只有 1 個世代。

危害狀：象鼻蟲成蟲以近水面的稻幼株葉片為食。在葉片展開時，若出現了縱向食痕，其危害狀變得明顯。在水稻移植 3-4 週後造成的危害最大，受害的植株生長受阻和分蘗產量減少，幼蟲會破壞根部，但損害較小。

管理：稻田在淹水狀況下，象鼻蟲幼蟲無法化蛹，其死亡率隨時間延長而增加。如果稻米的水分含量降低到 80% 以下，幼蟲化蛹，最終羽化成成蟲便開始新的一代。保持土壤水分在 80% 或以上，可以防止水稻象鼻蟲幼蟲變成蛹，阻止下一代繁衍，並停止對水稻植株造成損害。如果有必要使用化學殺蟲劑，請使用政府推薦的化學藥品來防治此害蟲。

圖 11-1. 水稻象鼻蟲。(A) 成蟲；(B) 成蟲在稻葉的取食危害狀；(C) 幼蟲在根附近取食（International Rice Research Institute, IRRI）。

二、水稻水象鼻蟲（*Lissorhoptrus oryzophilus*）

最早於美國發現，但此昆蟲現在已經蔓延到日本、韓國，近年來在臺灣發現。

生物學：成蟲體長 5 毫米，橄欖灰至褐色，鞘翅上有 V 形區域。雌成蟲該區更明顯和腹部更膨大（圖 11-2，見附錄）。

稻田淹水後開始產卵。半水生的象鼻蟲成蟲一般在晚上飛入直立的稻株，然後在水面下以游泳方式移動。懷卵的雌成蟲由植株莖部向下移動，並且在葉鞘組織的水中基部上下產卵，很少在根部產卵。最大產卵量出現在淹水後的 1-2 星期內。

卵白色，細長，稍彎曲，長 0.8 毫米，卵期 4-9 天，視溫度而定（Raksarat and Tugwell, 1975）。幼蟲無足，又稱蠐螬，體呈白色，頭小、褐色。第一齡幼蟲鑽入葉鞘中，約 1 天，然後沿植株向下移動到土壤中，開始以根為食。幼蟲 4 齡，幼蟲期 21 天。化蛹發生在附著水稻根部有一層防水的橢圓泥土蛹室內，蛹白色與成蟲象鼻蟲一樣大小。

在日本，根據紀錄，一年內只有 1 或 2 代（Tsuzuki et al., 1982）。在美國路易斯安那州（美國南部）4 代是常見的，在臺灣每稻作季節有 2 代。

危害狀：成蟲以幼稻葉片表皮為食，此種取食的危害較小且大部分局限在水稻田邊界。象鼻蟲也被發現以花穗為食，取食花部或發育中的水稻胚乳。幼蟲經由取食切斷稻株的根，導致植株成長受阻，延遲成熟和降低穀粒產量。大量幼蟲取食可能會降低植株生長勢，造成收穫前作物倒伏，美國已有報導高達 75% 的產量損失（Newsom and Swanson, 1962）。

管理：稻田間隔 15 天的間歇排放水，可減少水稻水象鼻蟲對稻田造成的損害（Pathak and Khan, 1994）。清除作為水稻水象鼻蟲替代寄主的水生雜草，亦可減少此害蟲對稻作的損害。數種鳥類和蛙類會捕食象鼻蟲，部分蝗蟲也以象鼻蟲成蟲為食。若可以取得，建議種植已培育的抗水稻水象鼻蟲水稻品種。假設必須施用藥劑防治此蟲，請選用當地政府推薦之藥劑。

三、二化螟（*Chilo suppressalis*）

此昆蟲一直被視為在亞熱帶地區的最嚴重的水稻害蟲之一，此蟲在水稻生長中期至後期階段危害。

生物學：成蛾體 13-16 毫米長，前翅有一叢稻稈色至淺棕色毛，有一些銀色的鱗片，在前翅尖端通常有五個黑斑；後翅為黃白色。雌蟲的顏色較雄蟲淺（圖11-3）。

圖 11-3. 二化螟。(A) 成蟲；(B) 幼蟲取食導致水稻穗萎凋（International Rice Research Institute, IRRI）。

雌蛾晚上產卵，一次可產 50-80 粒，在 3-5 天內總共產下 100-550 粒卵。於葉子中間基底或偶爾沿著中脈的葉鞘可發現卵塊。卵在 3-5 天孵化。

幼蟲前三齡營群居生活。初孵出的幼蟲向上爬行然後聚集在葉鞘下，所有的幼蟲通過同一個蛀孔進入稻莖內，在莖部的中間進食。老熟幼蟲 26 毫米長，頭黃褐色，有三條背線和兩條腹側褐色條紋。幼蟲期 20-48 天，通常 6-8 齡。

幼蟲在莖內化蛹，末齡幼蟲則在莖節間製造一出口，供成蛾羽化飛出，蛹為紅棕色無任何絲繭。此害蟲每年可產生 1-5 代，視寄主植物可得性和發生的溫度條件而定。

危害狀：幼蟲在稻莖內取食，造成枯心和白穗症狀，因幼蟲取食而降低植物生長勢，分蘗少、空穗和倒伏。據報告顯示，其造成的產量損失在臺灣為 20%，日本高達 100%。近年來此蟲所引起的蟲害已在下降中。

管理：在菲律賓的國際稻米研究所培育了數種抗水稻二化螟的品種，水稻二化螟幼蟲無法鑽入這些品種的硬莖中。儘管已經開發了蘇力菌轉基因水稻品種，但是由於公眾的反對，尚未種植它們。另有一種生長在亞洲的寄生天敵──中華鈍唇姬蜂（*Eriborus sinicus*），但由於持續使用化學殺蟲劑來防治其他水稻害蟲，因此未能有效的防治水稻二化螟，且所有的寄生天敵和捕食天敵，對農民用來防治水稻害蟲的化學殺蟲劑皆高度敏感。

四、三化螟（*Scirpophaga incertulas*）

三化螟是整個東方最嚴重的水稻害蟲，牠被認為是除少數野生稻種外，對水稻單食性且寄主專一性，更一度被認為是在東南亞最具破壞性的水稻害蟲。其損害程度隨時間和地點而變化，在印度 38-80%，在臺灣 10-30%，在菲律賓 5-10%（Heinriches, 1994）。

生物學：成蛾自蛹羽化不久後在黃昏交配，雌蛾在葉片尖端附近產下 100-150 粒卵的卵塊，卵乳白色、扁平、橢圓形，覆蓋著一簇黃褐色鱗片的叢毛。孵化前的 5-8 天，卵顏色變深成紫色（圖 11-4）。

第一齡幼蟲為淡黃色帶有分散的傾向，他們向下移動進入植株莖部和

圖 11-4.　三化螟。

葉鞘間，並取食葉鞘綠色組織 2、3 天。然後，幼蟲開始在莖部蛀孔，通常在節間區並取食植物組織。幼蟲通常 1 個星期後離開第一株植物。他們在葉尖捲成圓筒狀巢，在水中漂流尋找新寄主植物。到達一個合適的寄主植物後，幼蟲鑽孔進入。以一成熟的稻株為例，幼蟲會鑽入在穗前端正下方的莖部頂端邊緣。幼蟲期

約 30 天。

發育完全的第六齡幼蟲身長 25 毫米，白色或淡黃白色。牠們在稻莖內做一個薄繭覆蓋身體，在其內化蛹。化蛹前，幼蟲做出一個出口供成蛾羽化。稻莖內的化蛹位置，大多在水面正上方的最低節點。蛹期 6-10 天，但在較冷的月分可能會延長。

在海南島和臺灣，第一次羽化的成蛾出現在 12 月初，每年 6 代。

危害狀：幼蟲在稻莖內進食，造成幼株枯萎和中央嫩芽枯死，稱作「枯心」，老株的稻穗變乾出現稱為「白穗」的徵狀。有些水稻品系特別易受危害。

管理：由於三化螟造成的廣泛傳播和嚴重破壞，在許多水稻種植國家中，有效防治此害蟲很重要。曾培育出對此蟲具有抗性的水稻品種，以減少造成的農作物損失。由於其幼蟲在莖稈內蛀孔，隱藏在內取食，因此噴灑在植物表面的殺蟲劑無法觸及此幼蟲以產生作用。如果必須使用殺蟲劑，則務必在卵孵化後，以及幼蟲在植物表面上時，立即使用該化學品。膜翅目卵寄生蟲，等腹黑卵蜂（*Telenomus dingus*）、稻螟赤眼蜂（*Trichogramma japonicum*）和 *Tetrastichus shoenobii*，已顯示出印度在防治此類害蟲的希望。

五、綠葉蟬類（*Nephotettrix* spp.）

綠葉蟬是整個亞洲的水稻害蟲。在亞洲發現了 *Nephotettix* 屬的種類，而臺灣共發現了四種，分別是偽黑尾葉蟬（*N. nigropictus*）、二點黑尾葉蟬（*N. virescens*）、黑尾葉蟬（*N. cincticeps*）和 *N. malayanus*。

生物學：四種的生物學特性略有不同。因此，此處只描述偽黑尾葉蟬的生物學。成蟲和若蟲在夏天都很活躍，尤其是在陽光充足的熱天。交配前期在若蟲最終蛻皮後約 2-5 天。

雌蟲交尾後 1-3 天在稻苗的葉鞘基部產卵，卵經由鋸齒狀的產卵管呈單排產在葉片組織內，大部分的卵在下午產下，卵期 8-14 天，視溫度而定。

若蟲起初是乳白色，但後來轉變成綠色（圖 11-5）。當若蟲經過連續五次蛻皮後顏色變暗。若蟲期 2-3 週，成蟲壽命 50-65 天。

　　危害狀：綠葉蟬僅限以水稻植株的葉片和葉鞘為食，若蟲和成蟲都以水稻為食。牠們直接攝食植株汁液，從而減弱了植株的生長。吸食時也將有毒化學物質注入葉片組織內，導致葉片組織變形。這些昆蟲也會透過傳播如水稻矮化病毒（rice dwarf virus）、水稻衰退桿狀病毒（tungro virus）、水稻黃葉病毒（yellowish dwarf virus）等造成間接損害。

　　管理：通常對於葉蟬和飛蝨的管理，強烈建議透過對稻田進行衛生處理來防治。宿根或再生的水稻植株，可能會成為昆蟲源危害和病毒的源頭。因此，將水稻與另一種作物輪作，通常可提供有效且經濟的防治效果，尤其是在每年僅種植一季水稻的地區。數種寄生天敵、捕食天敵和病原體會攻擊葉蟬和飛蝨，並有助於減少害蟲族群。綠葉蟬的卵會被卵寄生的纓小蜂科（*Anagrus optabilis*）、褐腰赤眼蜂〔*Paracentrobia andoi* (Ishii)〕和釉小蜂科（*Tetrastichus formosanus*）寄生；若蟲和成蟲也被數種寄生天敵寄生。種植抗葉蟬和飛蝨的水稻品種，亦是防治這些害蟲的理想方法。每個在大量土地種植水稻的國家，都有這樣的品種（Pathank and Khan, 1984）。如果需要使用化學殺蟲劑，請使用政府推薦的化學藥劑。

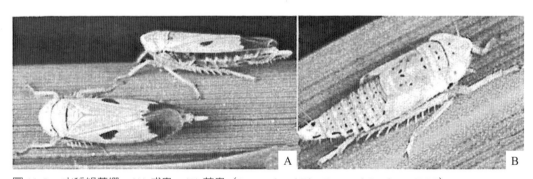

圖 11-5.　水稻綠葉蟬。(A) 成蟲；(B) 若蟲（International Rice Research Institute, IRRI）。

六、電光葉蟬（*Recilia dorsalis*）

　　電光葉蟬在亞洲南部到東南亞和澳洲廣泛分布。

　　生物學：成蟲的前翅為白色，有淡褐色條帶成 W 形（圖 11-6），使翅呈鋸齒狀花樣，體長 3.5-4.0 毫米。

最後一次蛻皮後,交配前期 2-4 天。卵成列產在葉鞘內,每隻雌蟲可產卵高達 100 個,卵可於 7-9 天內孵化。若蟲 5 齡,總若蟲期長達 16 天,呈黃褐色,體長從 1-3 毫米不等。在稻株上部的葉片及靠近底部的分蘗可發現若蟲,成蟲存活 10-14 天。

圖 11-6. 電光葉蟬成蟲(International Rice Research Institute, IRRI)。

危害狀:成蟲和若蟲從葉片和葉鞘吸取植物汁液。此種吸食的結果導致葉尖乾枯且由葉緣開始變成橘色,接著整個葉片變成橘色且葉緣捲曲,此危害首先出現在老葉。當電光葉蟬族群數量很多時,幼苗枯萎死亡。

此昆蟲是亞洲許多地區的稻萎縮病、橘色葉、水稻衰退桿狀病毒媒介之一。只有雌蟲傳播病原。此昆蟲出現在所有水稻的環境中,但只有在溼地的水稻才有本病毒。

管理:無雜草的稻田可將電光葉蟬對稻米的危害降至最低。再生稻植物和禾本科雜草有時都帶有病毒,接著葉蟬將病毒傳播到主要的水稻作物。目前沒有抗電光葉蟬的水稻品種,因此需要使用化學殺蟲劑來防治這種害蟲。

七、褐飛蝨(*Nilaparvata lugens*)

在 1970 年代,褐飛蝨對整個南亞和東南亞的水稻生產構成威脅。害蟲爆發與大面積種植高產量水稻的品種同時發生(圖 11-7)。即使引進對昆蟲有遺傳抗性的水稻栽培品種,對這種昆蟲仍無法提供有效防治。因為此昆蟲的抗性生物小種,能夠存活在這些栽培品種內。

生物學:成蟲通常在羽化當天即交尾,雌蟲交尾後第二天開始產卵。雌蟲可產 300-350 粒卵。通常呈單行、沿葉鞘的中間區域排列,有時在葉的中脈上面產卵。卵由雌蟲所分泌的圓屋頂狀覆蓋物所覆蓋,只有卵的前端突出於植物表面,水稻植株的產卵處出現褐色條紋。卵期 6-9 天。在卵孵化前,卵的一端出現紅色眼點。

圖 11-7. 褐飛蝨。(A) 成蟲；(B) 若蟲（International Rice Research Institute, IRRI）。

初孵出的若蟲是棉白色，且在 1 小時內變成紫褐色，牠經過 5 齡後變為成蟲。若蟲期從孵化、第一齡到成蟲 10-18 天。

褐飛蝨可在亞洲熱帶地區水田稻作的栽種物季節的世代數，視水稻作物長短而定。日本南部有 5 代，在印尼有 4-6 代，在臺灣則預計有 5-6 代。

褐飛蝨是一個長距離遷徙的生物，靠風的幫助可從中國南部遷移到韓國和日本。

危害狀：褐飛蝨會危害稻作植株各個生長階段。若蟲和成蟲兩者都是韌皮部取食者，在分蘗底部吸食植物汁液，以此方式移走植物營養而降低植物生長，受害植株變黃且迅速乾燥。在早期危害階段，出現圓形的黃色斑塊，由於植物枯死，很快變成褐色，這種情況稱為「蝨燒」（hopper-burn）。成蟲和若蟲在植株底部所分泌的蜜露，被黑色的煤煙所覆蓋。

褐飛蝨也是病毒的傳染媒介，包括水稻的草狀矮化病（grassy stunt）、皺縮矮化病（ragged stunt）和萎凋矮化病（wilted stunt）。

管理：良好的稻田衛生對減少整體褐飛蝨危害十分重要，宿根和再生水稻植株（未經種植的植物）應及時清除，不要在同一地區連作水稻，與豆類作物一起輪作水稻可減少褐飛蝨和其他飛蝨轉移，並減少其對隨後種的稻作傷害。一些水稻品種具有抗褐飛蝨與其他飛蝨的能力，有幾種品種對褐飛蝨與其他飛蝨具有抗性，種植此類品種以減少褐飛蝨損害。但是，此一品種的連續種植會導致飛蝨對其產生抗性，因此需與其他抗性品種一起輪換。褐飛蝨是植物表面的取食者，牠

有數種捕食天敵，包括牙蟲（*Hydrophilus affinis*）、大龍蝨屬（*Cybister* sp.）、細璁（*Ranatra dimidiate*），牠們以褐飛蝨的若蟲和成蟲為食。褐飛蝨的若蟲被撚翅目（*Elenchus yasumatsui*）、螯蜂科（*Echthrodelphax bicolor*）以及其他寄生天敵所寄生。上述捕食天敵有助於使害蟲數量保持在危害水準以下，目前已培育出對褐飛蝨和其他葉蟬類具有抗性的水稻品種，種植此類品種可減少蟲害。如果必須使用化學殺蟲劑，請使用政府推薦的化學殺蟲劑。

八、斑飛蝨（*Laodelphax striatellus*）

斑飛蝨廣布在亞洲的溫帶和亞熱帶地區。牠是中國和日本的水稻縞葉枯病（rice-stripe dwarf virus disease）及黑條矮化病（black-streaked dwarf virus disease）病毒的重要媒介。

生物學：雄成蟲體長 3.5 毫米而雌成蟲較小，約 2.0 毫米長。有時具有紅色眼睛。雌蟲在葉中脈或靠近植株底部的葉鞘產下約 60-260 粒卵的白色卵塊。卵於 5-15 天孵化（圖 11-8）。

若蟲身體淺褐到深褐色，若蟲期 5 齡。在 25℃時，若蟲期約 2 週。一年有 6-7 代。在溫帶地區，如日本，此蟲以末齡若蟲在冬小麥內越冬，從休眠若蟲冒出的成蟲在 5 月下旬和 6 月上旬遷移到水稻。

危害狀：斑飛蝨聚集在灌水的水稻田，剛巧在水位上方的稻植株較低部位，稻叢的底部內。牠們吸食植物汁液從而減弱稻株生長。吸食的時候，也會傳播水稻縞葉枯病及黑條矮化病的病毒，這些疾病會損害水稻植株。

管理：此種害蟲如褐飛蝨（BPH），以稻米為食不僅造成物理傷害，而且還傳播水稻條紋病毒病，因此應採取針對 BPH 制定的管理措施來防治此種害蟲。因主要損害是由於病毒病的傳播，因此抗病毒的品種培

圖 11-8. 斑飛蝨。

育很重要。若有抗病毒的品種，可以種植抵抗斑飛蝨的水稻品種。如果必須使用殺蟲劑來防治此種害蟲，請使用當地政府推薦的化學殺蟲劑。

九、白背飛蝨（*Sogatella furcifera*）

白背飛蝨已成為許多亞洲國家水稻的主要害蟲，並在某些年間摧毀了相當大比例的稻作。

生物學：成蟲體長 3.5-4.0 毫米。前翅幾乎是微透明有黑色條紋（圖11-9），翅的接合處間有一個突出的白色條帶。當兩個前翅接觸時，在前翅後緣中央有一個不明顯的黑斑點。

圖 11-9. 白背飛蝨（International Rice Research Institute, IRRI）。

產卵前期 3-8 天。卵產在葉中脈內呈縱行排列。據報導，在日本，單一雌蟲可產至 350 粒，卵期 6 天。若蟲 5 齡，並在 12-17 天達到成蟲期。

已知白背飛蝨遷徙越過中國，遷移到韓國和日本。水稻品種具抗褐飛蝨，而不具抗白背飛蝨的水稻栽種區，白背飛蝨防治是越來越重要，可能是因為抗性品種，褐飛蝨族群已經逐漸下降，漸由白背飛蝨取代其關鍵昆蟲的地位。

危害狀：白背飛蝨較喜歡水稻幼株。成蟲和若蟲主要在稻株底部吸取植物汁液，從而導致下位葉片變黃、降低生長勢和發育遲緩。因為秧苗在苗圃已受攻擊，害蟲危害經由卵攜入移植的本田，受到嚴重攻擊的秧苗不再生長、枯萎，最終死亡。如果在穗開始形成時攻擊，穗的穀粒數會減少。於水稻的稻穀成熟期攻擊，則稻穀不飽滿且延遲成熟。水稻內昆蟲取食傷口處及產卵傷口，成為細菌和真菌潛在入侵點，此外，飛蝨所產生的蜜露會引發煤煙菌在植株上生長，造成水稻田大片不均勻受害，不像褐飛蝨的蟲燒是斑塊狀。

管理：在附近田間種植水稻的 3 週之內播種水稻，這是為了避免作物重疊和田間白背飛蝨的移動，並可種植早熟品種。如果發生嚴重的昆蟲侵害，請從田間

排水 3-4 天。不要使作物再生，即不要讓農作物從原植物中長出來，進行第二次收穫。收割後，翻耕稻田並除去稻稈，因稻稈可能會藏有飛蝨且繼續繁殖。如果可取得的話，建議種植抗蟲水稻品種。假設有必要使用殺蟲劑，請選用當地政府推薦的殺蟲劑。

十、黑椿象（*Scotinophara lurida*）

在亞洲的黑椿象有三種，包括 *Scotinophora coarctata* (F.)、稻黑椿象〔*S. lurida* (Burmeiter)〕和 *S. latiuscula* (Breddin)。牠們的生物學和對水稻危害特性是相似的。在臺灣只有稻黑椿象危害水稻。

生物學：稻黑椿象成蟲褐黑色，體長 8-9 毫米，胸部有幾個明顯的黃色斑點，在胸部前角下端有刺。脛節和跗節是粉紅色，受干擾時，會釋出難聞的氣味，是椿象的典型行為之一（圖11-10，見附錄）。成蟲壽命可達 7 個月。一年只有 1 代。

雌蟲在靠近水面的稻株基部產卵，一生產約 200 粒卵，並護卵直到卵孵化為止。卵長 1 毫米，綠色，孵化前轉變為粉紅色。卵期 4-7 天。若蟲是淺褐色帶有黃綠色的腹部和一些黑斑。牠們蛻皮 4-5 次，並在 25-30 天達到成蟲階段。冬季時，成蟲或末齡若蟲會在水稻田田埂的裂縫裡，或鄰近更高的田埂，深度約 30 公分多眠。越冬後，牠們飛回水稻作物，並開始危害。

危害狀：若蟲和成蟲主要在莖的底部吸食植物汁液。當危害正值分蘖期，會發生枯心。但是，如果昆蟲持續取食，會導致葉片枯黃或紅褐色，此導致分蘖數量減少和植株生長遲緩。陰天和晚上，稻黑椿象在乳熟期時以稻穗為食，受稻黑椿象破壞的穀粒出現褐點。嚴重危害可導致植株死亡，及整個稻田出現如同蝨燒一般的枯焦。

管理：此害蟲從苗期到成熟都以水稻為食，因此必須在整個季節中做好應對此蟲的準備。保持田間清潔，包括去除乾燥的水稻殘株和雜草。在同一地區，應種植具有相近成熟年齡的水稻品種，如此，該蟲在某一塊田覓食後，就不會移到鄰近田地的年輕植物上並危害該田的作物，進而打破了害蟲的生命週期。產卵的成蟲會被困在光誘蟲燈中，因此在田間架設光誘蟲燈將有助於減少害蟲數量，並

減少對稻穀作物造成損害。稻田灌水能提高該蟲的卵死亡率。如果必須使用殺蟲劑來防治，請使用政府推薦的化學農藥。

十一、瘤野螟（*Scotinophara lurida*）

瘤野螟早期被認為是許多亞洲國家的次要及偶發性水稻害蟲，但是，隨著高產量水稻品系與耕作措施的改變，而變得越來越重要。誤用殺蟲劑及過度施用氮肥也被視為牠高度危害的原因。

生物學：成蛾是黃褐色，小型、10-12 毫米長、翅展 13-15 毫米。前翅有三個不同長度的黑色斜線（圖 11-11），後翅有一個寬的臀區。

圖 11-11. 瘤野螟。(A) 成蟲；(B) 幼蟲在折葉內取食；(C) 稻葉之危害狀（International Rice Research Institute, IRRI）。

成蛾是夜行性，日間通常停留在葉片的下表面和稻莖上。交尾後 1-2 天開始產卵。扁平、橢圓形、白黃色的卵單產或沿嫩葉葉片中脈兩側表面上成排產卵，很少在莖上面產卵。每隻雌蛾一生中可產卵約 300 粒。卵孵化期從 3-6 天不等。

剛孵化的幼蟲爬到未打開的最嫩葉片基部開始進食。第二齡幼蟲遷移到較老的葉片並捲起葉片。有些剛孵化的幼蟲，將自身用絲線懸掛在葉片尖端，藉著風分散到其他植株，通常一片捲葉中只發現 1 隻幼蟲。葉捲筒通常是由單片葉製成的捲葉。在熱帶國家幼蟲一般有 5 齡。

完全成熟的幼蟲大約 16 毫米長，黃綠色帶有深褐色頭部和前胸硬板。成熟的

幼蟲觸摸時迅速跳躍或擺動，幼蟲期長達 5-15 天。化蛹發生於鬆散絲線纏繞的捲葉內，剛形成的蛹細長褐綠色，後來變成褐色。蛾於 6-8 天羽化。

雖然熱帶國家全年都有瘤野螟的紀錄，但在雨季時數量最高。已知成蛾可做長距離遷移，在遷移過程中，大部分雌蛾依然未交配，一旦牠們定著稻株，便會立即交配並開始產卵。這種昆蟲被認爲是從中國南部遷移到日本和韓國。

危害狀：瘤野螟在水稻生長後期階段大量出現，幼蟲捲起葉片並從內部刮食綠色組織，引起灼燒和葉片死亡。每隻幼蟲取食時都能破壞數片葉片。嚴重危害時，每株水稻可能有好幾片捲葉，嚴重限制其光合作用。當植株在孕穗期受危害（剛抽出的花序穗），穀粒僅部分飽滿，並造成產量損失。

管理：水稻不連作。水稻採收後，再種植另一種作物或土地休耕一個季節。儘量種植抗稻瘤野螟的水稻品種，避免使水稻作物再生。收穫後，稻田淹水並犁地，則可殺死卵。而產卵的成蟲會被燈光吸引。因此，在可行的情況下，於田野上設置光誘蟲器以誘殺成蟲。如果必須使用化學藥劑防治害蟲，請使用當地政府推薦的殺蟲劑。

十二、稻心蠅（*Hydrellia sasaki*）

稻心蠅是日本和臺灣的水稻害蟲，在插秧後 1 個月特別嚴重。

生物學：稻心蠅成蟲黑灰色帶有青銅色，後翅平衡棍是鮮黃色，其底部是橙色。雌成蟲體型通常較雄成蟲大，且帶有更膨大的腹部（圖 11-12，見附錄）。在田間通常看到雌蟲停留在葉尖上或稻株，喜歡在間距較寬的稻株產卵。

卵單產於葉片上下兩側，並於 2 天內孵化，卵是乳黃色且 4-4.5 毫米長，幼蟲期 2-3 週。化蛹於葉鞘和莖間，剛化的蛹體淺褐色，並於成熟時逐漸轉爲深褐色。夏季平均化蛹期爲 5-8 天，但春天約爲 17 天。

在冬季，幼蟲於禾本科雜草上越冬。一年內有重疊的 5 代，害蟲族群在 7-9 月初時很多。

危害狀：剛孵出的稻心蠅以未展開的嫩葉爲食，葉片因昆蟲取食產生小斑點及條紋。較老熟的幼蟲進入中心的輪生葉，以取食未展開的葉片內緣，造成葉片

上大量邊緣斑點。幼蟲有時危害孕穗期的稻穗，並損害發育中的穀粒，嚴重危害時會阻礙作物生長，並減少產量。旺盛分蘗的品系或每叢較多植株的受害較少。

管理：稻心蠅在移植本田後不久就開始危害水稻，目前尚無可以減少這種有害生物的耕作防治措施（農作物生產）。小蜂會寄生在此害蟲的卵，不建議使用殺蟲劑防治稻心蠅，因為水稻植物的生長可以彌補害蟲對作物的損害。害蟲危害症狀通常在作物的最大分蘗期消失。

十三、水稻負泥蟲（*Oulema oryzae*）

此蟲出現在臺灣和鄰近的中國、韓國、日本。在臺灣，水稻負泥蟲危害山區第一期稻作。

生物學：成蟲呈藍色、金屬光澤，頭部與觸角黑色，胸部黃褐色。雌成蟲將圓柱形卵大量產於葉子的上表面。產卵期長達 15 天，卵期 5-11 天。成蟲壽命 1 年或更長（圖 11-13，見附錄）。

幼蟲體褐色呈球狀且骨化相當強，黃色基底上有黑褐色的結節，用暗綠色的排泄物覆蓋體表，並在葉片上看似泥塊出現。幼蟲期 13-19 天。完全成熟的幼蟲，大部分在稻葉上的橢圓形白色繭內化蛹，有時會在地下化蛹。每年只有 1 代且以成蟲階段越冬。

危害狀：幼蟲和成蟲在葉片表面取食，引起葉片燒焦枯萎。幼蟲以長條狀方式穿食葉片，只留下葉脈，曾觀察到植株生長遲緩和葉片分蘗數減少的狀況。受危害的植株穀粒成熟相當延遲，導致品質和產量降低。在嚴重危害的情況下，植株死亡，在田間，出現被火燒毀的外觀。

管理：依據調查，水稻每叢有 15 隻幼蟲時，水稻被害度為 56.48%，並使稻穀減產 23.84%（農業部動植物防疫檢疫署）。因此建議在水稻生育初期，若幼蟲每叢發生 2-3 隻，且發生率達 10% 時，即應採取防治措施，以確保稻米品質與產量。如果必須使用殺蟲劑來防治本蟲，請使用政府推薦的化學農藥。

第十二章

蔬菜害蟲
——十字花科與番茄

一、十字花科害蟲

十字花科蔬菜是用來稱呼屬於十字花科作物的總稱。臺灣和東南亞的其他地區在經濟上最重要的十字花科，是常見的甘藍菜、花椰菜、青花菜、結球白菜、芥藍及蘿蔔。

無論在何處種植的十字花科植物，節肢動物害蟲對產量都造成重大損失。近年來，使用於防治這些害蟲的化學農藥，對環境、農民收入和消費者安全也同樣造成重大損失，更遑論對昆蟲造成抗藥性。以下是臺灣和亞洲大部分地區十字花科蔬菜的主要害蟲，為了獲得足夠的收益，防治是必要的：

(1) 小菜蛾〔*Plutella xylostella* (L.)〕（鱗翅目：菜蛾科）

(2) 菜心螟〔*Hellula undalis* (F.)〕（鱗翅目：螟蛾科）

(3) 大菜螟〔*Crocidolomia binotalis* (Zeller), *C. pavonana* (F.)〕（鱗翅目：螟蛾科）

(4) 黃條葉蚤〔*Phyllotreta striolata* (F.)〕（鞘翅目：金花蟲科）

(5) 甘藍紋白蝶〔*Pieris rapae* (L.)〕（鱗翅目：粉蝶科）

(6) 蚜蟲類：菜蚜〔*Brevicoryne brassicae* (L.)〕、偽菜蚜〔*Lipaphis erysimi* (K.)〕和桃蚜〔*Myzus persicae* (S.)〕（半翅目：常蚜科）

（一）小菜蛾（*Plutella xylostella*）

小菜蛾（Diamond-back moth, DBM）是迄今為止對歐洲以外的所有國家十字花科作物最具破壞性的害蟲。幼蟲自作物發芽到收成，以所有植株地上部位為食，且會大幅降低農產品的品質和產量。此害蟲是很難對付的，因為牠實際上對主要殺蟲劑類群已發展出抗藥性，包括某些以細菌蘇力菌類群為基礎的生物性農藥。結果，此昆蟲很難用傳統方法來防治。

生物學：小菜蛾如同大多數其他鱗翅目，經歷卵、幼蟲、蛹和成蟲四個生命時期（圖12-1）。這些階段形態不同，行為表現不同，也有不同的食物需求。

卵：小型卵只產在十字花科植株上，大多數在沿著主脈的葉下表面。雌成蟲

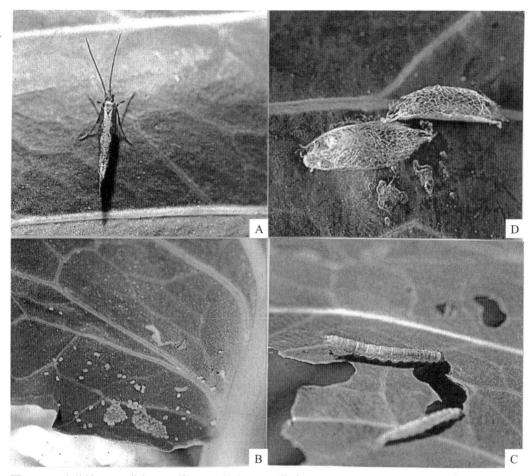

圖 12-1. 小菜蛾。(A) 成蟲；(B) 卵；(C) 幼蟲；(D) 蛹（AVRDC-World Vegetable Center）。

一生中在 3-7 天內產下多達 100 粒卵。卵大部分單產，產下之卵白色，但成熟並準備孵化時變成黃褐色，卵期 4-6 天。

幼蟲：卵孵化後剛孵出的幼蟲（又稱爲 neonate）鑽入葉片薄層內，而且在第一齡幼蟲的前 2 天躲在裡面攝食。小菜蛾幼蟲 4 齡，大多數幼蟲在葉片下表皮取食。發育完全的幼蟲體綠色，頭暗黑色，長 10-12 毫米。將近 10-15 天幼蟲期結束時，幼蟲行動變得緩慢，取食緩慢，或根本未進食。牠開始製造一個絲質繭，圍繞自己並且隱藏在繭內化蛹。

蛹：蛹最初是綠色，但當裡面的昆蟲變成灰褐色時，即將變成褐色成蟲。蛹長 1 公分，寬 0.4 公分，附著在第四齡幼蟲取食的同一地點，寄主植物葉片的下

表皮，或是最接近取食區的主脈側。4-5 天後，蛹羽化成為成蛾。

成蟲：小菜蛾體小，長 10 毫米，翅展 14-16 毫米。兩個前翅是灰褐色，折疊覆蓋在身體上方，外表出現三或四個小立方體斑點，這些斑點看起來像鑽石，因此俗稱「鑽背蛾」。本蟲並非是很強的飛行者，一次飛行很少超過 1 公尺。變為成蟲後，雌蛾很快地和雄蛾開始交尾，通常在日落交尾並持續 2-3 個小時，交尾後雌蟲立即產卵，通常持續 2-3 天晚上。成蟲壽命是 5-6 天。

危害狀：小菜蛾專食十字花科植物，整個危害因小菜蛾幼蟲取食十字花科寄主植株的所有地上部。除了從卵孵化後的短暫時期外，第一齡幼蟲鑽入葉柄和中脈，幼蟲皆在葉片表面取食，大多數幼蟲以多數產卵處的葉下表皮取食。幼蟲以葉片組織為食，而非十字花科葉上表面的透明蠟質層。幼蟲取食造成在下面葉片 1-2 公

圖 12-2. 小菜蛾幼蟲取食甘藍葉之危害狀（AVRDC-World Vegetable Center）。

分直徑的孔，在嚴重受損植株上留下窗口狀的透明蠟質洞窗（圖 12-2）。由於小菜蛾取食的結果，尤其在大多數發生光合作用的葉片，會降低植物生長，從而導致直接產量損失。此外，在花椰菜和青花菜作物，小菜蛾幼蟲也攝食花朵、花梗，並在該處化蛹。小菜蛾取食可從十字花科蔬菜苗期到作物完全成熟期，在過分成熟的作物，取食危害比幼株大幅降低。這種可食性植株部分出現幼蟲、蛹或昆蟲體，會降低農產品的品質及市場價值。

管理：目前，由小農主導蔬菜生產的所有開發中國家，小菜蛾防治主要是頻繁使用殺蟲劑。在全年種植十字花科蔬菜的熱帶國家，小菜蛾每年可多達 20 世代。此情況導致害蟲族群對用於防治之農藥迅速建立起抗藥性，為了克服抗藥性，農民往往增加殺蟲劑的劑量、混合好幾種農藥，增加噴灑頻率，有時每 2 天一次。此大量使用殺蟲劑的方式，致使許多地區的小菜蛾更具抗藥性。

耕作防治：除第一齡幼蟲外，所有的小菜蛾幼蟲、蛹、成蟲與卵都暴露在葉表面上，並受到各種不同環境因素的影響，包括降雨。在雨季因為常下雨，因此小菜蛾在雨季時不是破壞性害蟲；只有在乾季時才嚴重。噴灌（overhead irrigation）而非淹灌與溝灌，已證明可減少小菜蛾對甘藍菜、另一個十字花科西洋菜（水蓴菜）的危害。灑水器（sprinkler）的水滴滴落下來，會淹死、或沖走植株表面幼蟲，使損害降低。因為在黃昏的飛行活動恰逢產卵，若在黃昏操作，也會減少與交尾相關的行為成功率。然而，使用噴灌可防治除西洋菜以外的作物害蟲，在商業農場卻不實用，因為成本高、且可能增加如黑腐病和露菌病的發生。西洋菜作物整個季節都種在飽和水的土壤中，來自噴灌的多餘水分，不會對植株造成損害。

性費洛蒙：由三種化學成分所組成的性費洛蒙已上市。此性費洛蒙能吸引雄成蟲，再加上合適的誘蟲器，可殺死被性費洛蒙吸引前來的成蛾。此性費洛蒙亦被用來偵測現在農田的小菜蛾，故可及時採用有效的防治措施，以減少蟲害。若這種好的化學物質價格能降低，則性費洛蒙可廣泛流通。使用高濃度的性費洛蒙在甘藍菜田間，更能達到阻斷交配的效果。

生物防治：小菜蛾的各個階段都受到許多寄生天敵的攻擊，超過 90 種寄生蜂攻擊小菜蛾，只有約 60 種較重要。其中，6 種攻擊卵、38 種攻擊幼蟲、13 種攻擊蛹。幼蟲寄生天敵是最占優勢與有效的，許多有效的幼蟲寄生蜂屬於彎尾姬蜂屬（*Diadegma*）、絨繭蜂屬（*Cotesia*）、*Microplitis* 和 *Oomyzus* 等四大屬；少數 *Diadromus* 屬是蛹寄生蜂，能發揮顯著防治效果。這些種類多來自歐洲，且已引進臺灣及亞洲、非洲等其他地區。如果可以減少殺死這些寄生天敵的可能，使小菜蛾族群增長的殺蟲劑不再需要使用，則可降低小菜蛾族群的增長。在臺灣與亞洲，小菜蛾對幾種殺蟲劑變得有抗藥性，因此使用這些殺蟲劑是沒有幫助的，不過，在臺灣和亞洲其他地區的農民，卻仍繼續使用這些化學物質，有時混合幾種殺蟲劑，或施藥更頻繁。這些化學物質不僅無法防治害蟲，反而殺死天敵和寄生蜂，從而加劇了小菜蛾蟲害問題。

（二）菜心螟（*Hellula undalis*）

菜心螟（Cabbage webworm, CWW）是危害臺灣及大部分亞熱帶國家、太平洋地區，幾乎所有重要的經濟十字花科作物的特殊害蟲。

　　生物學：雌蟲通常在莖、新生長點和甘藍菜葉片上產卵。單產或兩、三個成串產出，卵光滑、白色到黃色，後來變成粉紅色，孵化前再變成褐紅色。卵是橢圓形，長約 0.46 毫米、寬約 0.33 毫米。卵期 2-3 天。

　　幼蟲：幼蟲有一個褐至黑色的頭部及黃色至褐色身體，身體的背面和側面（圖 12-3）有黑褐色縱條紋。5 齡，第一齡通常潛入葉肉取食，齡期 3 天，第二齡齡期 1-3 天；第三齡齡期 2-5 天；第四齡齡期 2-3 天；和第五齡齡期 3-5 天，幼蟲全期 14-18 天。

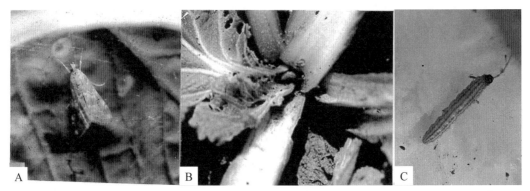

圖 12-3. 菜心螟。(A) 成蟲；(B) 幼蟲取食甘藍生長點之危害狀（AVRDC-World Vegetable Center）；(C) 幼蟲。

　　蛹：前蛹期短，為 1 天。在田間，通常在相鄰寄主植物的土壤化蛹，但偶爾也可能發生在寄主植物上。剛形成的蛹為淺褐色，後來變成黑褐色。在土壤中，蛹由土壤顆粒和植物碎屑所組成的鬆散繭所覆蓋（圖 12-3）。蛹期 3-7 天，視溫度而定。

　　成蟲：成蟲在天暗時羽化。前翅有斑紋，灰色帶有各種黑色和銀色條紋（圖 12-3），雌成蟲腹部的末端長而尖，而雄蟲是較鈍的。雌雄成蟲的壽命是 7 天。成蟲羽化不久後就交尾，且前產卵期從 4 小時到 2 天。產卵期 3-10 天，產卵總平均數為 175 粒，產卵高峰期發生在成蟲羽化後的第 2 天。

　　危害狀：剛孵化的幼蟲爬到植株中心部位取食生長點和較大葉片的葉脈。初齡幼蟲偏好鑽入十字花科植物在結球前的幼苗生長點，此過程中，他們的排泄物堆積在生長點（圖 12-3），有時整個受害區蓋滿著幼蟲吐絲所做成的絲網。在老葉，幼蟲織網圍繞，並於保護網內攝食葉片。單隻幼蟲，即可能導致幼株死亡，

或使倖存植物上，形成幾個小的、無上市價值的結球。在田間，即使是幼蟲族群密度低，也可能會導致顯著的損失，若是未受保護的甘藍菜，更可能導致全部產量損失。本蟲可能整季都出現在田間，但是在苗期階段，生長點仍暴露時，危害都很嚴重。一旦植株開始結球，生長點被覆蓋，菜心螟就不會構成太大威脅。

管理：單隻小幼蟲經由在生長點取食可摧毀整株植株。此種害蟲在結球作物如甘藍和大白菜等，結球後並不嚴重。因此只有幼苗和新移植的作物，自移植後4週內才需要保護。在不結球十字花科如蘿蔔、芥藍、小白菜等，此種害蟲整個生長季皆是嚴重的。

由於菜心螟幼蟲絕大多數偏好在植株露出的生長點取食，局部施用適宜的殺蟲劑做處理來保護這些植株部位，不管是化學農藥或生物殺蟲劑產品，都能提供對付此害蟲且在經濟上和環境損害最小的可能性。另外，如果不能接受使用殺蟲劑，在新移植的幼苗上覆蓋16目或更細的尼龍網隧道，直到開始結球，亦可防止菜心螟在幼苗上產卵及防止其他危害。

（三）大菜螟（*Crocidolomia binotalis, C. pavonana*）

大菜螟（Cabbage pyralid）是臺灣、亞太地區及某些非洲國家的十字花科植物地方性害蟲。幼蟲在十字花科葉片上暴食，摧毀農產品的產量和品質。在某些地區，此害蟲因為大量使用殺蟲劑防治而得到控制。但由於引進和建立寄生蜂來防治小菜蛾，隨著小菜蛾逐漸減少，使用殺蟲劑頻率和劑量亦降低，大菜螟日趨嚴重。

生物學

卵：淺綠色的卵呈塊狀，產在葉片下表面。卵塊有9-120粒卵，卵塊覆蓋著黏性的物質。在孵化前，剛孵出的卵由綠色轉變為橙色、黃褐色，和孵化前轉為黑褐色。每一隻雌成蟲產卵75-300粒，卵於3-6天孵化。

幼蟲：剛孵出的幼蟲群居，頭黑色和淺綠色的身體帶有黑斑（圖12-4），成長的幼蟲特徵是背部有三條白色的縱向條紋，身體兩側各一條。幼蟲5齡，在26.0-33.2℃下幼蟲全期為14天（11-17天）。末齡期幼蟲在植株間擴散。完全發

育的幼蟲體 15-21 毫米長，化蛹前，幼蟲墜落到土壤中化蛹。

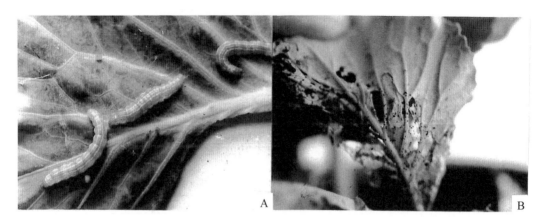

圖 12-4. 大菜螟。(A) 幼蟲在葉下表面；(B) 幼蟲取食危害狀（AVRDC-World Vegetable Center）。

蛹：在土壤表面的黃褐色蛹殼內，或 6 公分深的土壤中化蛹，為土壤顆粒所覆蓋，蛹會逐漸變成深褐色。體寬 3 毫米和 10 毫米長。蛹期 9-13 天，平均為 10 天。

成蟲：雌蛾較雄蛾早一天羽化。成蟲有黑色胸部和紅褐色腹部，雄蟲前翅的顏色圖案較雌蟲對比強烈。雄蟲很容易由兩前翅前端邊緣的一簇黑毛所辨識。成蛾飛行力弱，夜行性，但不受光吸引。白天成蟲隱藏在甘藍葉片下，受干擾時牠們會暫時飛走。羽化 2 天後開始交尾，從晚上到清晨，交尾 1 天後開始產卵，長達 2-4 天。已交尾的雄蟲和雌蟲壽命各為 6-30 天和 8-26 天。

危害狀：幼蟲喜歡取食多汁的嫩葉與生長點，而且通常完全吞噬植物部位。當幼蟲進入 3 齡時特別明顯。牠們對幼嫩甘藍植株的危害可導致葉片外觀只留下葉脈（圖 12-4）。如果在甘藍結球階段，幼蟲攻擊甘藍植株，牠們會穿入結球做隧道，最終導致受損的甘藍結球腐爛。

管理：已報導有 6 種寄生蜂，大多數為幼蟲寄生蜂。然而，主要是由於大量使用殺蟲劑，導致寄生蜂的總和有效性很少超過 10%。若在幾行的甘藍菜間種植印度芥菜（*Brassica juncea*）作為陷阱作物，能吸引大多數大菜螟成蟲，以及一些小菜蛾成蟲，使得主作物甘藍菜可免受攻擊。此技術在印尼、關島、臺灣也有效地吸引大菜螟成蟲遠離甘藍植株，轉向印度芥菜。有可能使用該技術來發展出大菜螟的綜合防治方法以減少農藥使用，有助於保護大菜螟和其他十字花科害蟲

的天敵。

（四）黃條葉蚤（*Phyllotreta striolata*）

黃條葉蚤（Stripped flea beetle, SFB）攻擊範圍寬廣的經濟作物，十字花科植物以及十字花科雜草。此昆蟲幾乎出現在亞洲所有國家、歐洲大部分地區、加拿大、美國和南非，在熱帶、亞熱帶地區幾乎全年出現。

生物學：成蟲在十字花科幼苗的葉柄基部，或附著於寄主植物根部 2-3 公分深的土壤中產卵。卵約於 1 週內孵化。幼蟲取食土壤表面下的根及部分莖，幼蟲對十字花科寄主不會造成很大的損害，約在 2-3 週內發育完全。在 5 公分深的土壤內，3 毫米長的小型繭內化蛹。蛹期 1-2 週。

黃條葉蚤成蟲體小，2.3-2.5 毫米長。後足腿節膨大，受干擾時可跳躍相當的距離，成蟲基本上是黑色，在背面有兩個黃色條紋（圖 12-5）。成蟲在有溫暖的陽光，平靜無風的日子特別活躍。成蟲壽命從 33-100 天。在臺灣，通常十字花科一季有 2 個世代。族群高峰發生在旱季，大雨及持續降雨和高溫對黃條葉蚤族群產生不利影響。

圖 12-5. 黃條葉蚤成蟲（圓圈處）和在甘藍葉取食危害狀（AVRDC-World Vegetable Center）。

危害狀：損害是由成蟲以子葉、莖及葉片為食所造成。甲蟲在葉子上咬出小洞；取食孔下的組織外露死亡，造成受損的葉子有一個「洞窗」的外觀（圖 12-5）。在黃條葉蚤嚴重的攻擊下，幼苗會枯死，若危害較不嚴重可能只是延遲生長。對子葉和嫩葉所造成的危害一般是透過不均勻的植株發育，是作物損失的主要原因。較大的植株較耐受黃條葉蚤取食，但植株的葉片若出現很多蟲孔時，不利於農產品的銷售。

管理：移除田間或附近的雜草可能是有益的，因為黃條葉蚤在雜草叢生的農

田可能引起問題。在移植前，用非常薄的透明織布覆蓋苗床，可以保護移植前的幼苗免於成蟲取食。採收後，應澈底整地將黃條葉蚤幼蟲翻到土表面。水稻田接著種植十字花科植物，較連作十字花科或其他作物危害要輕。延長排掉水稻田的止水，可以淹死在土壤中取食植物殘株的黃條葉蚤幼蟲。

為了快速防治大量族群攻擊十字花科幼苗，噴灑殺蟲劑是唯一的選擇。黃條葉蚤在葉表取食，可直接接觸藥劑處理過的葉片因而能確定死亡。如需使用殺蟲劑，請核對當地防治此害蟲的推薦用藥。

（五）甘藍紋白蝶（*Pieris rapae*）

世界各地可發現甘藍紋白蝶（Imported Cabbageworm, ICW）或相關物種，尤其是在涼爽乾燥的十字花科植物商業化種植地區。幼蟲對多種十字花科會造成損害。

生物學

卵：卵產於葉下表面。一隻雌蟲產卵超過 100 粒。卵剛好大到肉眼可見，形狀像一個短而厚的子彈，深黃色且有長向與縱向脊（圖 12-6）。卵於 4-8 天內孵化。

幼蟲：卵孵化後，很小的綠色幼蟲開始暴食葉片。2 週內經歷 5 個齡期，發育成熟時，體長達 2.5 公分。幼蟲體深綠色，類似寄主葉片的顏色，並且有一個非常細的橘色條紋往下延伸到背部中央，另一條中斷的條紋沿著身體每側，此由靠近每個氣孔的一對延伸的黃色斑點所形成。幼蟲具有鵝絨般的外觀，由無數緊密、短、黑白的毛，在綠色的身體上形成一種白花點（圖 12-6）。當成熟時，牠們通常爬行一段距離，準備化蛹。

蛹：當準備化蛹時，幼蟲用絲繫緊身體末端，在植物表面以獲得支撐，再吐絲纏繞身體中間變成化蛹階段。蛹由這些絲線所固定，化蛹通常出現在外葉的底部。蛹鮮綠色到灰綠色，有三個尖的突出物和可見的翅。蛹期 7-12 天。

成蟲：成蟲是白天飛行的蝴蝶，白色至淡黃白色，翅有黑色斑點與黑邊（圖 12-6），靠近前翅中央，雄蟲有一個黑色斑點，而雌蟲有兩個同樣的黑色斑點。成蟲羽化不久後交尾並立即產卵。正常生命週期，從卵到成蟲需要 22-35 天，因

圖 12-6. 甘藍紋白蝶。(A) 成蟲；(B) 產在葉片的卵；(C) 幼蟲在葉片上取食；(D) 在葉下表面化蛹
（AVRDC-World Vegetable Center）。

此在一個十字花科栽種季可能有 3-4 代。

　　危害狀：幼蟲通常在靠近中脈的葉上表面進食，且在葉片上製造大而不規則的洞（圖 12-6）。牠們往往從葉子外緣進食，留下完整的主葉脈和中脈。較老的幼蟲移入植株中心，通常整株植物都被吃光，此害蟲只在旱季造成嚴重危害。雨水將幼蟲自植株表面沖落，掉到土表並淹沒幼蟲和蛹，而且干擾其移動及此種較

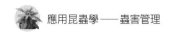

不會飛行的相對大型的蝴蝶成蟲的交尾。

管理：如果限制使用農藥來防治其他十字花科害蟲（例如：小菜蛾），則寄生天敵和病原體可以在甘藍紋白蝶的自然防治中發揮重要作用。菜粉蝶絨繭蜂〔*Apanteles glomeratus* (L.)〕是一種常見的幼蟲寄生蟲，在全球普遍存在。*Phryex vulgaris* (Fallen) 和金小蜂（*Pteromalus puparum*）是攻擊甘藍紋白蝶幼蟲的其他兩種膜翅目寄生天敵。

在臺灣，出現會感染甘藍紋白蝶幼蟲的專一性顆粒體病毒，此病毒目前尚未商業化。大多數蘇力菌的製劑可有效對付甘藍紋白蝶，幾種化學物質也可有效地防治此害蟲，且尚無報導此害蟲發展出任何殺蟲劑抗藥性。若要施用藥劑時，請參考當地政府推薦之農藥。

（六）蚜蟲類

菜蚜〔*Breviceoryne brassicae* (L.)〕、偽菜蚜〔*Lipaphis erysimi* (K.)〕、桃蚜〔*Myzus persicae* (S.)〕此三種蚜蟲在熱帶地區，只在陰涼乾燥的季節時才是重要的害蟲，菜蚜是灰綠色，但因為有厚的蠟質外表，經常出現灰白綠色，在腹部末端有很短的腹管。偽菜蚜類似菜蚜，但有較長的腹管，沒有厚的蠟粉。桃蚜通常是黃綠色，無蠟粉外表。腹管比菜蚜或偽菜蚜的更長。

生物學

菜蚜：成蟲可能無翅或有翅。只發現雌蟲會胎生繁殖（viviparous reproduction），牠是數種十字花科毒素病的媒介。

偽菜蚜：此種蚜蟲行孤雌生殖，在熱帶國家無有性型。若蟲多喜好產在葉片下表面或花序上。若蟲 4 齡，約 6-10 天內變成蟲，成蟲壽命 13-15 天。單隻雌成蟲產下約 100-200 隻若蟲。

桃蚜：在熱帶夏型（無性生殖）造成最大的危害。有性型的產生是在高海拔涼爽氣候的地方盛行。在溫度高於 30℃時，桃蚜很少繁殖。此蚜蟲是一些毒素病的媒介。

危害狀：雖然上述蚜蟲種類會傳播一些植物病毒，在大多數的區域，不像其

他作物如番茄和馬鈴薯一樣，毒素病不是十字花科的嚴重的問題。大量刺吸的取食危害（圖 12-7），特別是菜蚜，可以殺死幼苗或新移植的作物，或減少那些殘存下來植株的產量。在嚴重危害的老株，葉子捲曲並變黃，植株生長受到妨礙，且生長中的結球會變形。偽菜蚜喜歡芥菜、蕪菁和蘿蔔，偶爾也危害甘藍、花椰菜和青

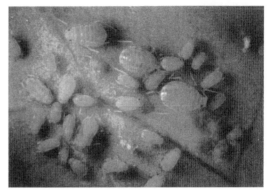

圖 12-7. 甘藍葉下表面的甘藍蚜蟲（AVRDC-World Vegetable Center）。

花菜。由蚜蟲分泌的含糖物質造成黑色煤煙及覆蓋葉面減少光合作用及削弱植株（圖 12-7）。

管理

生物防治：天敵如寄生蜂和捕食天敵，通常是數量多到足以維持蚜蟲低族群，以避免建立起危害水準。瓢蟲的成蟲和幼蟲，以及食蚜蠅的幼蟲，都是許多蚜蟲類的有名的捕食天敵。潮溼的天氣不利於蚜蟲的族群建立，及可能增加蚜蟲受蟲生真菌病原體感染而族群下降。季節早期使用廣效性殺蟲劑，可以消滅天敵及增加蚜蟲族群。

耕作防治：收成後立即銷毀和清除作物殘株，可將蚜蟲蔓延到鄰近農作物的可能性減至最低。將反射性覆蓋物放在土壤上可阻止蚜蟲掉落在植株上，以減少相當量的蚜蟲危害。蚜蟲也受到黃色吸引，裝滿水的黃色容器或塗上黏性物質的黃色黏板放置在附近，有助於吸引蚜蟲遠離標的植物。

化學防治：施用殺蟲劑澈底噴灑植株，特別是在葉背，對蚜蟲的防治非常重要。殺蟲肥皂可以有效地防治蚜蟲，而不會嚴重影響天敵。另外，噴灑葉片下表面時必須注意，特別是菜蚜，需完整暴露於肥皂溶液。若要有效，噴霧必須覆蓋所有蚜蟲，因為乾掉的肥皂殘餘物並無殺蟲活性。在不輪換產品或沖洗葉片的情況下，最多只能連續施用 3 次殺蟲肥皂。若要施用農藥防治這種害蟲，需詢問當地政府推薦的殺蟲劑。

二、番茄害蟲

番茄〔*Lycopersicon esculentum* (Mill.)〕是臺灣和全世界重要的蔬菜，酸的口感和獨特的風味說明它的普及性和使用的多樣化。由於番茄因為富含維生素 A 和 C 而營養價值高，其人口平均消費量高。番茄可鮮食、煮熟及加工，加工的形式包括果汁、番茄醬、濃湯、麵團、脫水與有時是整個番茄保存。

大約將近十二種取食番茄的節肢動物害蟲中，以下三種在臺灣比較重要：

(1) 番茄夜蛾〔Tomato fruitworm, *Helicoverpa armigera* (H.)〕（鱗翅目：夜蛾科）

(2) 棉蚜〔Cotton aphid / Melon aphid, *Aphis gossypii* (G.)〕（半翅目：常蚜科）

(3) 非洲菊斑潛蠅〔Leaf miner, *Liriomyza trifolii* (B.)〕（雙翅目：潛葉蠅科）

三者之中，番茄夜蛾（TFW）是目前最重要的。此高度雜食性昆蟲是臺灣本土害蟲，除番茄外，也是玉米、綠豆的害蟲，甜椒除外，偶爾是大豆的主要害蟲。這是目前影響臺灣番茄最重要的害蟲。棉蚜，又稱為瓜蚜，雖然危害輕微，但可能成為乾爽季節的主要害蟲。潛葉蠅是高度雜食性而且全年危害番茄。

（一）番茄夜蛾（*Helicoverpa armigera*）

數種 *Helicoverpa* / *Heliothis* 屬害蟲是全球性的重要經濟害蟲。番茄夜蛾發生在南歐、整個非洲、部分中東、南亞和東南亞、澳洲、紐西蘭和一些太平洋島嶼。澳洲棉鈴蟲（*Helicoverpa punctigera*）在澳洲危害。另一種主要害蟲玉米穗蟲（*Helicoverpa zea*）涵蓋整個美國、墨西哥、中美洲和廣大的南美地區。上述所有物種都是雜食性，而番茄是其重要寄主之一。這些害蟲對番茄的危害狀很類似。

生物學

卵：球形，黃色有光澤的卵單獨產在嫩葉、花和果實上。產卵期 10-23 天，每隻雌蟲平均產卵數差異很大，從 500-2,700 粒。偏好在表面有毛的植株上產卵。產卵大部分與寄主植物的花蕾爆發和開花期有關。卵在孵化前 2-4 天變暗色至褐色。

幼蟲：孵化時，第一齡幼蟲（又稱 neonate）開始取食植株，通常在花、花蕾或葉片下表面取食。較大的幼蟲較喜歡在番茄果實內鑽孔和取食。

幼蟲 5-7 齡，以 6 齡為最常見，幼蟲期長短視溫度而定，在均溫 24.3℃時，從 15.2-23.8 天不等。正常幼蟲期結束時，幼蟲能生長至 40 毫米長。幼蟲可能是淺綠色或棕黑色，往往帶有淺色與黑暗的橫向條紋交替。發育完全後，幼蟲進入土壤化蛹。

蛹：蛹在土壤 2.5-17.5 公分深處形成，但偶爾在地表枯葉層或植物上最後的進食處發現。在田間，蛹期 10-14 天。番茄夜蛾因幼蟲期間經歷的短日照及低溫，會在蛹期引發滯育，滯育蛹可維持該狀態數個月長。

成蟲：成蟲大多數在夜間從土壤中的蛹羽化。成蟲體粗壯，翅展開達 40 毫米。一般體色從暗黃色或橄欖灰色至褐色，前翅具有鮮明標記。後翅白色帶有褐色的邊緣（圖 12-8）。夜蛾是夜行性，很少在白天見到。雌蛾一般較雄蛾壽命

圖 12-8. 番茄夜蛾。(A) 成蟲；(B) 卵產在葉片上；(C) 剛孵化之幼蟲於葉片取食；(D) 幼蟲在番茄果實之危害狀（AVRDC-World Vegetable Center）。

長。在實驗室裡飼養，雄蟲壽命 1-23 天，雌蟲 5-28 天。飛蛾從蛹羽化後約 4 天開始性成熟並交尾。交尾後不久就開始產卵，並可持續超過 10 天。

危害狀：幼蟲喜歡取食植物的繁殖部位，包括芽、花和果實，在早齡時，牠則以葉片為食。受害的花和幼果可能會掉落，受害的果實有由完全成熟的幼蟲所造成的球形孔，並透過此孔逃離寄主植株進入土壤化蛹。較老熟的果實會腐爛或變形，綠色或褐色的幼蟲出現在植物或果實內（圖 12-8）。

管理：在 IPM 系統內，種植能夠抵抗或耐受害蟲危害的作物品種，對防治此種害蟲是相當重要的。然而，儘管密集的努力，仍未育出抗番茄夜蛾的品種。這主要是由於本蟲的雜食性，及很難在現有的番茄和茄科相關品種中，找到適合的抗性來源（抗性基因）。因為害蟲物種相同，使用目前在棉花的同樣基因來培育蘇力菌轉殖番茄。然而，我們必須克服公眾反對此種病蟲害防治方法。

種植果茄（*Solanum viarum*），一種重要藥用野生植物物種，作為番茄園的陷阱作物，以吸引番茄夜蛾成蟲產卵在植物的葉片上。然而，以取食果茄葉片維生的番茄夜蛾幼蟲，在化蛹前死亡，從而降低了可能攻擊番茄作物的昆蟲數量，果茄因此可稱作「死路」陷阱作物。

已發展出含兩種化學成分的番茄夜蛾性費洛蒙且上市。此性費洛蒙，置入適宜的誘蟲器中，可用於監視番茄田中出現的番茄夜蛾成蟲。當番茄夜蛾成蟲第一次出現在誘蟲器內時，適當的防治措施，包括噴灑當地推薦的殺蟲劑等，即可殺死還在果實外的番茄夜蛾幼蟲。

（二）棉蚜（*Aphis gossypii*）

棉蚜是一個最廣泛分布的蚜蟲種類，取食大量的重要經濟作物，包括棉花、葫蘆科（南瓜、西瓜、胡瓜）、番茄、大豆、甜菜、茄子、秋葵、菸草、辣椒、馬鈴薯、花生、紅蘿蔔、向日葵和其他作物。損害是由於取食和傳播病毒所造成。

生物學：棉蚜不管有翅或無翅都是無性繁殖。發育期最短的是在棉花上，最長的是在瓜類上。在棉花上，溫度 28°C 下 5.2 天就達成熟。最佳繁殖溫度為 20-25°C，本蟲能每天平均產下 2.8 隻若蟲。

　　棉蚜成蟲是體長為 1.0-1.5 毫米的小型蚜蟲。顏色從黃色到深綠色。成蟲的腹管（cornicles 或 siphunculi）（靠近腹部後端兩個短背管）均勻地從尖端到基部骨化且為深色。

　　飛行是蚜蟲擴散的重要階段。成蟲大約從日出到早午飛行，很少成蟲能在天黑後飛行。

　　危害狀：蚜蟲幾乎整個生長季節皆會危害番茄植株，尤其是在乾冷的氣候（圖 12-9）。危害的初期症狀通常是葉片變黃，隨著蚜蟲數量越來越多，葉變成捲曲。害蟲族群持續上升，蚜蟲移動到更幼嫩的葉片、莖和花，植物被蚜蟲分泌之蜜露上生長的黑色煤煙所覆蓋，植物可能生長受

圖 12-9. 棉蚜。

阻。在非常高的密度下，棉蚜可殺死寄主植物。

　　除了直接的危害外，棉蚜在廣泛的寄主植物間傳播數種病毒。在番茄中，棉蚜至少可傳播四種病毒：苜蓿嵌紋病毒、胡瓜嵌紋病毒、辣椒葉脈斑駁病毒和馬鈴薯病毒。

　　管理：用反射性鋁箔覆蓋番茄作物畦面可以降低害蟲危害。據臺灣的產量測試，此處理（50.27 噸／公頃）與番茄作物未覆蓋（38.55 噸／公頃）比較，顯著提高產量。在同一田間測試，用細紗網（40 目）的尼龍網覆蓋番茄作物畦，可種出無蚜蟲的番茄作物。此尼龍網是直接放在各行植株上，直到作物準備收成為止。棉蚜的天敵包括瓢蟲科（鞘翅目）、食蚜蠅科（雙翅目）、草蛉科（脈翅目）、褐蛉科（脈翅目）和許多種蜘蛛物種。天敵的有效性是高度變化的，取決於替代獵物的可得性、寄主植物和環境因素。大量使用殺蟲劑殺死這些天敵會加劇蚜蟲危害問題。

　　多種化學農藥持續使用於防治各種作物上的棉蚜，然而，殺蟲劑抗藥性的發展越來越普遍，農民需要使用由地方政府所推薦的殺蟲劑。

（三）潛葉蠅類

非洲菊斑潛蠅（*Liriomyza trifolii*）和番茄斑潛蠅〔*L. bryoniae* (K.)〕。

屬於斑潛蠅屬（*Liriomyza*）的七種斑潛蠅，是世界各地主要對蔬菜造成嚴重損害的雜食性害蟲。上述兩種在臺灣於不同的時間均有報導以番茄爲食。分類學上，牠們非常相似，對作物葉片的危害也類似。大多數斑潛蠅種類的生態要求並沒有顯著差異。因此，對於其中所描述的防治方法，可能適合防治大多數其他種類。由於非洲菊斑潛蠅往往傾向雜食性、廣泛分布，研究比較詳細，此物種在此處作爲研究對抗潛葉蠅的典型例子。

生物學：雌成蟲將數粒灰白色至微半透明的卵插入葉下表面。視溫度而定，卵於 2-5 天孵化，幼蟲孵化不久後會鑽入葉片，並在隧道中進食約 7 天。剛孵出時，幼蟲是個無足透明的蛆，後來的齡期變成橙黃色。第 3 和最後齡幼蟲在葉表面上切一條縫冒出，通常掉落到土壤，就在土壤表下化蛹。偶爾可以在葉片上找到蛹。蛹卵圓形，腹部稍扁，1.3-2.3 毫米 ×0.5-0.75 毫米，體色由淺橙黃變暗呈金黃色。後氣孔通向仍保留在蛹的三個錐狀的幼蟲附肢。

非洲菊斑潛蠅於中午之前羽化達到高峰。成蟲非常小，黑色到亮黑色和黃色。幼蟲在植物間活躍的鑽食，成蟲是非常老練的飛行者，可看見潛蠅迅速躍過葉片，做短距離飛行到鄰近的葉片。成蟲羽化後 24 小時內交尾，而且一隻雌蟲在單一次交尾就足夠使所有的卵受精。成蠅吸食雌蟲在葉片上產卵所造成植物組織傷口所滲出的汁液，雄蟲和雌蟲也可以取食花蜜或在實驗室以稀釋的蜂蜜水飼養。

危害狀：非洲菊斑潛蠅雌成蟲在葉片製造出產卵刺孔，而且雄、雌成蟲以刺孔所滲出的汁液爲食。進食刺孔（不含卵者）顯示出白色斑點，可能變大且導致壞死。這些斑點使植株易感染眞菌病，特別是在育苗期，可導致枯萎。此種損害不像幼蟲潛食葉片那樣重要。

由非洲菊斑潛蠅幼蟲引起主要的損害，是潛入葉片和葉柄所造成。葉片隧道形狀因寄主植物不同種類而變化，但是，當有適宜的葉面積可用時，隧道通常是線性、窄長的，而且直到末端不變寬。牠們通常是白綠色（圖 12-10）。在小葉

片的覓食在有限區域內，化蛹前隧道末端
導致形成第 2 次斑點刺孔隧道。隧道內，
蟲糞以黑條紋交替沉積在隧道的兩側，但
到隧道的末端變成顆粒狀。因為鑽隧道的
活動，葉綠素細胞被破壞，使得植物的光
合作用能力常常大幅下降。嚴重受損的葉
片掉落，暴露出花芽而導致果實晒焦。

圖 12-10.　番茄潛葉蠅取食番茄葉片（AVRDC-
World Vegetable Center）。

　　管理：在世界的許多地區，潛葉蠅
問題因過度使用化學殺蟲劑而加劇。有些
殺蟲劑無法殺死植物葉內的潛葉蠅幼蟲，
反而殺死害蟲天敵而使潛葉蠅免於被壓
制。幾種潛葉蟲的天敵已經存在於蟲害嚴
重發生區，但因為殺蟲劑無法發揮足夠的蟲害防治效果，一些老的化學殺蟲劑，
如：亞素靈、毆滅松、大滅松、賽滅淨，在過去可有效防治害蟲。然而，某些國
家無法取得這些化學殺蟲劑。我們需要核對最近所推薦的化學殺蟲劑來對付潛
葉蠅。

第十三章

蔬菜害蟲
——辣椒、葫蘆科、洋蔥與大蒜

一、辣椒害蟲（辣椒和甜椒）

　　辣椒（chilli）或甜椒（pepper），被認為起源於南美洲祕魯的安地斯地區。然而，此作物有兩種形式——甜椒和辣椒，現今從海平面到海拔 3,000 公尺全世界都有種植。辣椒最顯著的特點是它的味道，無論是甜的、溫和的、帶有刺激性氣味，全世界都讚賞。在許多國家，被認為是不可缺少的食品。除味道外，辣椒是維生素 A 和 C 的好來源。數種昆蟲和蟎類以辣椒植物為食。臺灣和鄰近國家最具破壞性的害蟲是薊馬、蚜蟲和蟎。

（一）小黃薊馬〔*Scirtothrips dorsalis* (H.)〕

　　小黃薊馬是一個小、灰色的昆蟲，發生在南亞及東南亞和太平洋區，牠是辣椒、蓖麻、茶、茄子、番茄、菸草、胡瓜、西瓜與其他作物的主要害蟲。

　　生物學：小黃薊馬與其他薊馬一樣，除雨季外，一整年都很活躍。體細長、黃褐色、1 毫米長。成蟲在葉片內或枝條組織內產下橢圓形、淡黃白色卵。在辣椒上，單隻雌蟲每天產 2-4 粒卵，連續產 32 天，卵期 5 天。幼蟲 2 齡，第一齡幼蟲透明、體柔軟，有七節短圓柱形的觸角。第二齡有較長的七節，圓柱形觸角，小顎鬚三節。幼蟲期 7-8 天。在葉腋、捲葉、花萼下和果實化蛹，蛹是暗色、黃色，複眼和單眼帶有紅色色素。雌蛹腹部較大、末端較尖，雄蛹腹部較鈍、較小。蛹期 2-4 天，生命週期通常在 15-20 天內完成，作物生長季節內有數個重疊的世代。雌蟲和雄蟲性比為 6：1，雌蟲擁有狹長的翅，邊緣帶有長纓毛。

　　危害狀：在辣椒上，小黃薊馬是亞洲地區最重要的薊馬害蟲（圖 13-1）。牠幾乎存在任何辣椒植物柔軟的部位，特別是以枝條、葉、花為食。危害是由於銼開植物組織和吸食細胞液而造成，導致受損組織壞死，危害程度可以從組織的輕微受損到整株變形。新生枝條和嫩葉的生長點，尤其是葉腋的葉片，是小黃薊馬攻擊的主要對象。大量出現的害蟲會使嫩葉枯萎，造成嚴種捲曲的「捲葉病」病徵。小黃薊馬與茶細蟎（*Polyphagotarsonemus latus*）會造成捲葉。當移除大量的小黃薊馬和細蟎時，受害的植株可復原。產在軟組織內從卵孵化的幼蟲，留下大

圖 13-1. 薊馬。(A) 成蟲；(B) 薊馬取食辣椒葉片危害狀（AVRDC-World Vegetable Center）。

量的圓孔引起植物部位變形，結果植物可能因落葉和葉片變形而發育不良。小黃薊馬是番茄斑點萎凋病毒，一種辣椒毒素病的傳染媒介。

　　管理：由其他種薊馬在作物上所引起的類似危害，而發展出來的耕作防治措施，具有可降低小黃薊馬危害辣椒的潛力。用乾稻草覆蓋種植區，似乎有益於減少薊馬對豇豆危害。同樣的，在印尼，用白色和鋁色的塑膠覆蓋物，亦可減少另一種薊馬 *Thrips parvispinus* 對辣椒的危害。然而，若使用稻草則對蟲害沒有影響。

　　小花椿對許多種薊馬的自然防治發揮顯著作用，已進行探討商品化，防治溫室作物受薊馬侵害。

　　數種殺蟲劑已被評估透過對薊馬和南黃薊馬的效果，其中的一些化學物質能提供葫蘆、西瓜、馬鈴薯、四季豆、茄子足夠的保護。最新的建議，需要參考臺灣政府出版最新版本的植物保護手冊。

（二）棉蚜〔*Aphis gossypii* (G.)〕

　　棉蚜是高度雜食性昆蟲，攻擊辣椒等大量經濟重要作物（圖 13-2），包括番茄、棉花、大豆與辣椒。危害辣椒的生物學和危害狀，與危害番茄者性質相同。因此，除了寄主植物抗性的方法外，對抗番茄害蟲所描述的其他防治措施，只要稍作修改，都可以用來對抗辣椒棉蚜。

圖 13-2. 棉蚜。(A) 取食辣椒葉片下表面；(B) 在辣椒葉片上之黑黴菌以蚜蟲分泌的蜜露為營養生長（AVRDC-World Vegetable Center）。

（三）茶細蟎〔*Polyphagotarsonemus latus* (B.)〕

此為一種雜食性物種，在六十科以上的植物上發現。辣椒、棉花、茄子、茶、黃瓜、葡萄、黃麻、柑橘是此物種的主要寄主植物（圖 13-3）。

生物學：卵單產於新發芽的葉下表皮、嫩莖、果實、花梗和花。卵橢圓形，但下側扁平。上側覆蓋有五或六行的白色小瘤，直徑為 0.1 毫米。

受到蟎危害的葉片下表面布滿粉狀空殼，其間可看到閃亮斑點出現的若蟎，若蟎微小、白色梨狀，通常停留在孵化的卵殼附近進食。若蟎期 2-3 天後，若蟎進入休眠蛹期，黏在葉片下側，此階段 2-3 天。

成蟎可長到 1.5 毫米長，光滑、幾乎透明但略呈黃綠色、足細長，且移動快速。雄蟲發展出強壯的後足。若蟲一旦羽化成雌蟲，就開始交配。

所有活躍時期皆出現在葉片背面，最偏好的地點是在葉片未完全展開前的兩個半部葉片的槽溝中。當葉片已完全展開時，因為取食產生平行褐色直線。典型的雌蟎可活 10 天，每天產 2-4 粒卵。

圖 13-3. 茶細蟎。(A) 在辣椒葉片下表面取食；(B) 因其取食，生長點與周圍之葉片變成銅色，最後影響生長與產量（AVRDC-World Vegetable Center）。

危害狀：危害狀很快出現在辣椒植株，特別是自頂芽冒出的嫩葉，嫩葉一開始會顯出捲曲和伸長，此症狀變得很明顯。生長點變黃，並顯示出葉片嚴重捲曲。生長點接著呈現古銅色，且葉柄和所有生長點周圍的頂端葉片基部開始顯現密集古銅色。後來這些葉片變得非常小與枯萎，導致生長點死亡。數天後，死亡生長點附近冒出新葉，但這些葉子也受到上述茶細蟎危害。甜椒的蟎害遠大於辣椒的蟎害。無論是在露地及保護結構下（如：溫、網室），生長中的甜椒同樣都會受到茶細蟎的危害。

管理：屬於捕植蟎科的鈍綏蟎屬（*Amblyseius*）和新綏蟎屬（*Neoseiulus*）是茶細蟎的常見天敵。在美國佛羅里達州，每株甜椒釋放 10 隻或每片 100 隻以上之蟎蟲數，可降到零隻。

在茶細蟎不斷遷入的田間實驗，單株一次釋放 5 隻巴氏小新綏蟎（*N. barkeri*）成蟲，可顯著減少茶細蟎族群數量，但無法防止所有植株不受蟎害。若每一主幹釋放 5 隻蟎天敵，每星期釋放一次，連續三次，可持續 7 週提供足夠的保護。

如果化學藥劑可接觸捲葉下的害蟎，則幾種具殺蟎性質的農藥如大克蟎（dicofol）、新殺蟎（bromopropylate）、亞環錫（azocyclotin）以及阿巴汀（abamectin）都可以防治害蟎。由茶細蟎造成的葉片捲曲，使得殺蟎農藥無法覆蓋蟎所取食的葉表面。蟎蜱生命史短，繁殖非常迅速，導致茶細蟎快速發展出殺蟎劑的抗藥

性，化學藥劑在施用作物幾季後無效。因此，當人們使用任何化學藥劑前，需要核對當地植物保護手冊所提的推薦藥劑。

二、葫蘆科害蟲

屬於葫蘆科重要經濟價值的蔬菜主要有黃瓜（*Cucumis sativus*）、南瓜（*Cucurbita maxima*）、苦瓜（*Momordica charantia*）、蛇瓜（*Trichosanthes cucumerina*）、絲瓜（*Luffa aegyptica*）、稜角絲瓜（*Luffa acutangula*）和扁蒲（*Lagenaria siceraria*）。在臺灣，葫蘆科主要的害蟲屬果實蠅屬（*Bactrocera*）（舊稱 *Dacus*）和金花蟲科守瓜屬（*Aulacophora*，舊稱 *Raphidopalpa*）。果蠅屬和守瓜屬這兩種害蟲危害發生的地方在熱帶種植葫蘆科，為了好的品質生產，牠們的防治是必不可少的，以便能獲得充分的品質和產量。因此在本章中，討論將只限於這兩種害蟲。

（一）果實蠅類——瓜實蠅〔*Bactrocera cucurbits* (C.)〕

生物學

卵：成蟲產卵於相對較軟的果實，避開堅硬的外皮。產卵時，雌蟲刺破植物組織並插入 1-40 粒比較大的卵於表皮的正下方。產卵後，雌蟲會釋出膠狀分泌物，封住刺孔的組織周圍，使入口防水，分泌物凝固形成有光澤的棕色樹脂狀物質。單隻雌成蟲產卵數從 40-1,000 粒以上。卵較大，長 0.8 毫米，寬 0.2 毫米。白色至黃白色，1-2 天孵化（圖 13-4）。

幼蟲：剛孵出的蛆會鑽入果肉形成的隧道。幼蟲在果實內部取食 4-17 天，依溫度而定。表皮比較厚的水果，如南瓜，幼蟲期會延長。幼蟲 3 齡。完全成熟的幼蟲體型相當大，9-11 毫米長，寬 1-2 毫米，有很明顯的前與後氣孔，成熟的幼蟲從受害、幾乎腐爛的果實冒出來，並以 12-20 公分高度跳躍離開，準備化蛹。

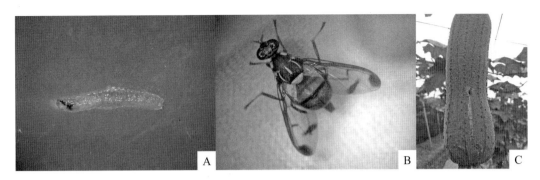

圖 13-4. 瓜實蠅。(A) 三齡幼蟲；(B) 雌成蟲；(C) 危害狀（鄭雨晨提供）。

　　蛹：於抵達適當的地點，幼蟲潛入 4-5 公分深的土壤，然後化蛹。蛹期 7-13 天，在冷的狀況下可能延遲至數週之久。蛹桶狀。大部分的幼蟲形狀無法分辨，除了前端和後端的氣孔，其在化蛹時會做些許變化。圍蛹（puparium）通常呈黃色至褐色。

　　成蟲：成蟲全年在田間可發現，從蛹羽化後約 10-12 天開始交尾（黃昏）。交尾後不久，開始產卵。成蟲體型大，褐色的蠅類，包括產卵器，體長 8-10 毫米，翅展約 12-14 毫米。複眼和頭部為黑褐色；翅是透明帶深褐色脈延伸到翅尖端。成蟲以花蜜、植物汁液或受害、腐爛的水果組織的汁液為食。成蟲壽命 5-15 個月，取決於溫度。據報告成蟲是活躍的飛行者，而許多果實蠅屬可飛 50-100 公里。

　　危害狀：危害是來自瓜實蠅成蟲的產卵行為和幼蟲的攝食活動，危害從開花期開始並持續到結果期。果實、花序、莖、葉，甚至根都遭危害，整個果實到處發現產卵孔。幼蟲經由取食糖漿破壞果實，使得受害的果實不適合人類食用。幼蟲取食與產卵兩次生物的入侵，隨後造成果實分解，受損果實變小且顏色變黃。

　　管理：任何打擊果蠅的有效管理措施的發展，需要考慮以下事實：

(1) 本蟲主要停留在葫蘆科（Curcurbitaceae）。

(2) 本蟲是一個有長距離擴散紀錄的強壯飛行者。

(3) 危害是由成蟲和幼蟲所引起的。

(4) 本蟲在土壤中化蛹。

基於這些特性，對於能應用於打擊葫蘆科的瓜實蠅物種，各種管理技術均已

進行了研究。

　　雄性抑制／滅絕：大部分果實蠅屬（*Bactrocera*）危害最大的瓜實蠅雄蟲會被克蠅〔4－（對-acetoxypheryl）-2－丁酮〕，或甲基丁香油（4-烯丙基-1,2－二甲氧基苯）所誘引。在小規模，不少農民使用抑制雄蟲作為防治技術。以前的誘餌也夾雜著合適的殺蟲劑，能即時殺死被誘引的雄蟲，這種技術也被用來作為滅絕（雄蟲滅絕，male annihilation），與誘餌噴灑組合（見「化學防治」）。

　　耕作防治：一般對抗瓜實蠅最有效的防治方法是套袋，無論是用報紙、紙袋或是長／薄聚乙烯套袋，這是防止產卵的簡單物理隔絕，但必須在果實被攻擊之前妥為使用。大多數果實寄主受危害時間的資訊很少，某些果實蠅屬在果實成熟前攻擊。

　　化學防治：化學防治方法包括雙線做法：(1) 殺蟲噴霧劑，以及 (2) 誘餌噴霧劑。殺蟲噴霧處理方法為，噴灑整個作物形成保護傘，同時殺死害蟲和寄生天敵。誘餌噴霧由一個合適的殺蟲劑（如：馬拉松）混合蛋白質餌劑所組成。瓜實蠅雄蟲和雌蟲兩者都為蛋白質來源所散發的氨所吸引，殺蟲劑可以施用於種植區的某些局部地點，瓜實蠅會被吸引到此。最廣泛使用的蛋白質是蛋白質水解物質。有些提供的物質可能是酸水解物，但會造成藥害，使用誘餌噴霧劑既經濟又更符合環保要求。

（二）黃守瓜〔*Aulacophora femoralis* (M.)〕

　　迄今最具破壞性的黃守瓜，廣泛分布於南亞和東南亞、澳洲、西非、東非和地中海。如同其他守瓜屬（*Aulacophora*）物種，黃守瓜是一種雜食性昆蟲，但更偏好葫蘆科。

生物學
　　卵：在春天，黃守瓜成蟲從越冬處羽化後，通常在 2-4 天內開始產卵。卵單產、或成堆產在枯葉或寄主植株下的溼潤小土塊。一隻雌蟲可產卵 150-300 粒。卵橙黃色，球形至細長、0.66 毫米長、0.50 毫米寬。卵期長達 5-8 天，冬季最多15 天。

幼蟲：剛孵出的幼蟲是灰白色，而完全成熟的幼蟲則是乳黃色，約 22 毫米長。幼蟲以根爲食，並在某些程度取食寄主植物的莖。取食中的幼蟲完全被植物組織包圍，只有頭部和身體前部包埋在組織內。身體的較大部分仍然露出植物外部。幼蟲期 13-25 天，4 齡。當完全發育後，體乳黃色約 22 毫米長。幼蟲在靠近取食處形成一個土層蛹室，並進入前蛹期，前蛹期 2-5 天。

蛹：化蛹發生在土壤約 15-25 公分深的厚的蛹室，蛹淡黃色，蛹期 7-17 天。

成蟲：羽化後不久，黃守瓜開始取食和繁殖。成蟲爲紅黃色且背側光滑無毛，除了前端體節是黃色外，腹片黑色，觸角約體長的一半。前胸背板約中點處有顯著的彎曲的溝，雄蟲較雌蟲深，體長 6-8 毫米。成蟲壽命約 1 個月，越冬發生在成蟲期，從 11 月中旬至次年 2 月結束。生命史全期需要 32-65 天，一年有 6-8 個重疊的世代，視溫度和寄主的可得性而定。

危害狀：幼蟲和成蟲兩者都會危害葫蘆科作物生長的各個階段，從幼苗期至結果都受攻擊。以植物根、莖、葉、花及果實所有部位爲食。主要寄主包括南瓜、胡瓜、扁蒲，次要寄主是絲瓜和西瓜。幼蟲營地下生活，且以根和寄主植物的地下部分及接觸到土壤的果實爲食。受害的根和受危害的地下莖因爲腐生菌的二度感染開始腐爛，且藤蔓上未成熟果實會枯萎，受危害的果實不適合人類食用。

成蟲暴食葉片和花朵，偏好幼苗和嫩葉，而且此階段的破壞可能會殺死或嚴重削弱幼苗，導致作物延遲生長和收成。一旦植株產生走莖（藤蔓），則植株可確定能存活，但成長後可能會嚴重受到成蟲在幼葉和卷鬚取食的影響。因成蟲取食所造成的幼果表面腐爛，會進而導致損壞的果實凋謝及落果。成蟲取食葉片，無論如何，是最嚴重的損失原因。當取食時成蟲群聚導致再遷移他處前，個別葉片完全鏤空並且重複此過程。

管理：任何防治黃守瓜的管理措施應考慮到害蟲的以下特性：

(1) 蟲害主要限於葫蘆科植物。

(2) 成蟲和幼蟲破壞植物的不同部位。

(3) 卵產在土壤中而幼蟲是地棲的。

(4) 成蟲從其他田間飛入且開始傷害。

(5) 很少有攻擊這種害蟲的天敵。

儘管繁殖黃守瓜抗性品種具有潛力，但目前尚未商業化。耕作防治如乾淨的栽培、早期播種等方法，可幫助減少蟲害。採收後，受害田必須深犁，以便殺死存在於土壤中的幼蟲。可溝灌來滋潤瓜類作物的根部，但不是植物下的土壤。在此條件下透過乾燥，卵的死亡率很高。如聚乙烯塑膠布或尼龍網罩等合適的遮蔽物，可以保護植物免受遷徙成蟲傷害。

化學殺蟲劑已能有效地殺死黃守瓜成蟲。然而，人們可能需要在當季中更常噴灑農藥。化學殺蟲劑應謹慎選擇，因為早期的有機氯殺蟲劑，可能會造成藥害。西瓜的種子處理或系統性殺蟲劑溝渠施用，顯示對抗幼苗期蟲害有潛力，需要諮詢當地推薦的化學殺蟲劑以對抗此害蟲。

三、洋蔥與大蒜害蟲

洋蔥（*Allium cepa*）、青蔥（*A. fistulosum*）和大蒜〔*A. sativum* (L.)〕於世界各地幾乎都有，臺灣三種都有種植，洋蔥更為廣泛，主要在溫帶、亞熱帶和真正熱帶地區高地種植。臺灣及其他熱帶、亞熱帶、亞洲地區的主要害蟲有：蔥薊馬〔*Thrips tabaci* (L.)〕和甜菜夜蛾〔*Spodoptera exigua* (H.)〕，後者對臺灣本島的青蔥危害特別嚴重。

（一）蔥薊馬（*Thrips tabaci*）

蔥薊馬是全世界最普遍的雜食性害蟲之一，雖然在相對潮溼的熱帶和亞熱帶地區較少，但這些地區的乾旱期往往數量龐大，尤其是最偏好的洋蔥寄主植物廣泛種植時。除洋蔥外，牠以棉花、菸草、甘藍、葫蘆、黃瓜、菜豆等為食物。

生物學：白色腎形的卵，由鋸齒狀產卵管單粒插入到植物組織中的狹縫內。一旦埋入植物組織中，卵稍微膨脹變為橢圓形。胚胎發育後顏色轉成橙色，最後有紅色眼點出現。

蔥薊馬的第一齡幼蟲從卵孵出，約 0.60 毫米長。第一、二齡幼蟲和成蟲取食表皮及葉肉細胞。以大顎刮食植物組織，然後小顎口針插入，並透過小顎管吸食

細胞汁液。已知成蟲也取食花粉。第一齡幼蟲的蛻皮發生在葉片的下表皮，或在可垂掛的合適地方，第二齡幼蟲長達 0.77 毫米。在幼蟲階段往往是群居，聚集在洋蔥植物葉腋中。

若充分取食後，第二齡幼蟲通常掉落地上，進入土壤中的蔥薊馬幼蟲，停在疏鬆的土壤基質內，迅速轉換成不攝食的前蛹。此齡若受到干擾，能做短距離爬行，但通常保持不動。

不攝食的前蛹期，很快進入蛹期，前蛹和蛹的兩階段非常短暫。自產卵到成蟲的生長時間範圍從 30℃的平均 11 天，到 22.4℃天的平均 23 天。蔥薊馬成蟲很小，稍微超過 1 毫米長。成蟲可活 2-4 週，產下 50-60 粒卵。

蔥薊馬不在夜間飛行，因為他們需要陽光和 26.5℃氣溫才能啟動飛行。比較涼爽、乾燥的天氣，有利於蔥薊馬族群的快速繁殖。在此期間，其族群數量可能會達到很高的水準。

危害狀：損害是由成蟲和幼蟲攝食所造成，牠們銼開洋蔥葉表皮、吮吸滲出的汁液（圖 13-5）。此會從下部葉肉移除細胞內容物，產生有氣體的空間，因而導致葉片扭曲。受攻擊的葉子整片都有攝食斑塊，這些葉子經常有銀色光澤，並帶有糞便斑點，此區最終會壞死。嚴重的薊馬攻擊時，會引起足夠的葉片損害而殺死洋蔥植株。在球莖膨大階段，洋蔥植株似乎特別容易受到蔥薊馬危害。臺灣一項為期 2 年的研究顯示，每週種植一次，在陰涼、乾燥的秋冬季種植，鱗莖膨大時蟲害迅速增加，而鄰田的年輕植株基本未受損害，此蟲偏愛取食較老植株，因此老葉受損更嚴重。

圖 13-5. 蔥薊馬。(A)取食蔥葉片；(B)取食危害造成葉片失去葉綠素；(C)取食危害放大（AVRDC-Wold Vegetable Center）。

　　管理：整個季節保持土壤充分溼潤，尤其是在鱗莖膨大期，有利於減少蔥薊馬損害洋蔥作物。這被認為是由於薊馬化蛹期間，水分高會使土壤中的昆蟲病原真菌增殖，或嘗試化蛹的昆蟲可能溺水所致。另一方面，水分少可能會導致土壤產生小裂縫，蔥薊馬可在裂縫中化蛹和容易生存。這種情況也削弱了寄主植物，使其容易受到昆蟲的傷害。一般寄生蜂在抑制蔥薊馬的族群數量中扮演次要的角色，此時捕食天敵和病原真菌都更有用，在溫室如花椿、捕植蟎與蟲生真菌病原體已被成功地用於防治。黃色和藍色的色彩能吸引蔥薊馬，因此黃色和藍色的黏板已被用於減少薊馬對溫室作物損害。殺蟲劑可定期用於對抗田間害蟲，人們決定使用那些化學藥劑前，需先核對當地政府推薦之藥劑。

（二）甜菜夜蛾（*Spodoptera exigua*）

　　甜菜夜蛾是高度雜食性，且攻擊範圍廣泛的作物害蟲。除了洋蔥外，包括棉花、大豆、菸草、葡萄、蘆筍、甘藍、甜菜、玉米、高粱、花生等。

　　生物學：從蛹羽化不久後，成蟲交尾。產卵前期夏天為 1 天，冬天為 3 天。卵成塊產在蔥葉上，卵塊都覆蓋著白色到淺黃色的鱗毛。單隻雌蟲一生可產多達 600 粒卵，卵球形、類似罌粟種子的形狀和大小，表面有線條從中心向外輻射。

　　卵期 2-4 天，孵化後不久，幼蟲開始成群進食。牠們暴食表皮，也織網。在外葉表皮暴食後，幼蟲進入洋蔥的管狀葉內並隱藏在內取食。幼蟲 6 齡，在 15-20 天內完成。完全發育的幼蟲長 30 毫米、體淺綠色，並沿著身體的側面有顯著條紋（圖 13-6）。完全發育的幼蟲在地面殘株尋求躲藏處，牠們織網並用樹葉及其他的材料準備粗糙繭。蛹長 10-12 毫米，一般顏色為亮褐色，蛹期 5-7 天。成蛾為 10-14 毫米長，翅展約 25-30 毫米長，前翅是淺灰色、中央有小的圓輪鐵鏽色斑

圖 13-6. 甜菜夜蛾。

點，在上面有第二個更小的腎形斑。後翅白色，有黑褐色翅脈和邊緣。

甜菜夜蛾，以前稱爲 *Laphygma exigua*，與非洲黏蟲〔*Spodoptera exempta* (W.)〕幼蟲密切相關，在外觀上非常相似。非洲黏蟲主要攻擊印尼青蔥。

危害狀：在青蔥上，剛孵出的夜蛾幼蟲刮下葉片表面、留下薄膜，內層完整無缺。最後進入管狀葉，並在管狀葉片內取食。由於幼蟲以葉片爲食，導致取食區乾枯。一旦進入管狀葉內，害蟲幼蟲可避免受到天敵和雨的影響。有時在嚴重的族群壓力下，整株作物皆可能遭到破壞。

管理：在青蔥初孵化之幼蟲，會刮食葉表面、留下薄膜但內層完整，最後進入管狀葉並在裡面取食，幼蟲取食區會乾掉。一旦進入蔥管，此害蟲即受到保護，不被天敵與雨影響。有時在嚴重族群壓力下，整塊田間作物皆可能被摧毀。

性費洛蒙含三種成分，(Z,E)-9, 12-Tetradecadien-1-01 acetate、(Z,E)-9, 12-Tetradecen-1-01 和 (Z)-9-Tetradecen-01-01，必須一定的比例使用才有效。有些未提及的化學物質雖然也是其成分，但含量不同，不見得可以誘引到甜菜夜蛾。

目前已經制定出能監視本害蟲之出現的儀器，包括誘捕器的設計，且已成功用於蔥田甜菜夜蛾首次出現之監測。這些資訊有助於選擇和確定適當的防治措施時機。

有幾種殺蟲劑能有效地防治此害蟲，部分已可在臺灣使用，來對抗此害蟲。化學殺蟲劑必須在甜菜夜蛾幼蟲進入洋蔥的管狀葉子之前施用，由於此昆蟲很快能對殺蟲劑產生抗藥性，人們必須核對政府推薦之最有效的化學物質。

第十四章
蔬菜害蟲──茄子與甘藷

一、茄子害蟲

茄子（*Solanum melongena*），是臺灣和其他亞洲地區重要的經濟蔬菜。此作物幾乎可以全年生長。除了含有食物纖維外，茄子是維生素 C 和鐵的來源。

茄子在臺灣受到以下害蟲危害：

(1) 茄螟〔*Leucinodes orbonalis* (Guenée)〕（鱗翅目：螟蛾科）

(2) 二點小綠葉蟬〔*Amrasca biguttula* (I.)〕（半翅目：葉蟬科）

(3) *Epilanchna* 甲蟲〔主要是茄二星瓢蟲 *Epilachna vigintioctopunctata* (F.)〕
　　（鞘翅目：瓢蟲科）

(4) 棉蚜（*Aphis gossypii*）（半翅目：常蚜科）

有效防治這些害蟲，以獲得預期的產量是必要的。

（一）茄螟（*Leucinodes orbonalis*）

茄螟多出現於泛熱帶區，且局限在亞洲和非洲，在南亞所有國家和菲律賓的危害尤其嚴重。除了主要的寄主植物茄子外，茄螟亦可在馬鈴薯和一些鮮為人知的茄科植物取食。

生物學

卵：雌成蟲在葉片上產卵，雌蟲平均產卵數從 80-253 粒。產卵發生在夜間，且單獨產在嫩葉下表面、綠莖、花芽或花萼上。卵扁平、橢圓形、直徑為 0.5 毫米。產下後不久為乳白色，但孵化前變為紅色，3-6 天內孵化。

幼蟲：幼齡幼蟲蛀入靠近生長點的嫩芽、花芽或果實，若可選擇，剛孵出的幼蟲較喜歡果實，勝於植物的其他部分。幼蟲期 5 齡，幼蟲期夏季為 12-15 天，冬季為 22 天。幼蟲會在果實及嫩芽取食，造成茄子作物的損害，幼蟲期長達 9-28 天取決於溫度，完全成熟的幼蟲長 18-23 毫米（圖 14-1）。

蛹：成熟幼蟲從自己取食的隧道鑽出，並在落葉間或其他靠近寄主植物莖附近土壤表面的植物碎片硬絲繭內化蛹。繭的顏色和構造模擬周圍環境，使其難以被察覺（圖 14-1）。蛹期長達 6-17 天取決於溫度，夏季期間較短，冬季期間較長。

圖 14-1. 茄螟。(A) 成蟲;(B) 卵產在茄子葉片上;(C) 幼蟲鑽入幼嫩枝條;(D) 幼蟲取食處上方枝條萎凋（AVRDC-World Vegetable Center）。

成蟲:大多在夜間進行羽化。成蟲從蛹繭羽化後,通常停在葉片下表面。茄螟雌蟲比雄蟲稍大,雌蛾腹部往往較尖且向上彎曲,而雄蛾腹部鈍狀。成蛾是白色的,但在胸部和腹部的背部有淡棕色或黑色的斑點（圖 14-1）。翅白色帶粉紅色或藍色色調,並沿前緣與臀緣環繞。前翅都裝飾有一些黑色、灰色、淺棕色斑點。蛾展翅後全長 20-22 毫米。雄蟲壽命為 1.5-2.4 天,雌蟲 2.0-3.9 天。前產卵和產卵期為 1.2-2.1 天和 1.4-2.9 天。

危害狀:在孵化後 1 小時內,茄螟幼蟲鑽入鄰近的嫩梢、花或果實。鑽入幼芽或果實不久後,用排泄物堵塞入口孔。幼蟲在嫩枝條內取食,導致嫩枝條枯

萎，外觀看來像「死心」。茄園出現枯萎下垂的枝條，是受到此害蟲危害的明顯危害狀，受害的枝條最終枯萎及掉落。其不僅阻礙植物的生長，更導致果實數量降低和變小。可能會長出新枝條，但延遲作物成熟，而且新枝條也會受到幼蟲的傷害。幼蟲在花朵取食，此相對罕見，導致受損的花朵無法形成果實。幼蟲在果實內取食，導致破壞植物組織，這種果實是不適合人類食用的，也因而失去市場價值。取食隧道被蟲糞堵塞，使得即使僅輕微受損的茄果，仍不適合上市，造成直接產量損失。

管理：目前農民完全依賴化學殺蟲劑防治茄螟。殺蟲劑的施用是非常頻繁的，特別是在有長的開花後採收期。此類農藥的使用也造成了一些地區薊馬的再發生，特別是南黃薊馬（*Thrips palmi*）和過去曾是次要害蟲的葉蟎發生。

基於生物學和危害狀，發展相對簡單的防治方法是可行的。此蟲的幼蟲，孵化後到化蛹，在嫩梢或果實內取食，在土壤碎屑中已硬化的繭內化蛹。此種隱蔽的生活模式結果，可保護該昆蟲免受農藥、天敵，包括蟲生病原和物理死亡的因素如降雨等影響。因此，此蟲是个太可能由單一的防治措施，在永續的基礎上結合兩種或三種方法是必需的，也才能實現期望的防治。

在亞洲各區約有半打以上的寄生蜂被報導，包括黃眶離緣姬蜂〔*Trathala flavoorbitalis* (Cameron)〕、*Eriborus argenteopilosus* (Cameron)、顯繭蜂屬（*Phanerotoma* sp.）、*Campyloneura* sp.（Srinivasan, 1994）、*Pristomerus testaceus*（Morley）、三化螟繭蜂〔*Shirakia schoenobii* (Vlereck)〕、*Microbracon greeni* (Ashmead)、*Trathala flavoorbitalis* 和中華鈍唇姬蜂〔*Eriborus sinicus* (Holmgren)〕。若能減少現今過度使用農藥的現象，則這些天敵能降低茄螟 30% 的危害。

特別是在前開花期，迅速移除和銷毀昆蟲危害的枝條，具有減少當季初期害蟲族群數量的潛力。此將減少昆蟲在開花期後變成嚴重的害蟲，而造成對可銷售的茄子果實的損害。孟加拉國進行的研究顯示，在田間，每週一次迅速切除受損枝條，只有6%的果實受損，而在對照組，六次收成超過37.8%的果實遭到破壞。此外，由於茄螟幾乎完全以茄子進食，觀察輪作，茄子連續兩個季節不同時，在同一排栽種，將減少蟲害的危險。觀察整個社區無栽種茄子時，茄螟無法接近寄主，且顯著減少害蟲族群數量。

　　茄螟的性費洛蒙已合成並上市，此化學物質可用於監測茄園害蟲的危害之開始，以便及時採取適當的措施減少蟲害。

　　在各個國家已建議使用多種化學殺蟲劑打擊這種害蟲。若要選擇使用殺蟲劑，只有推薦的化學殺蟲劑才可使用。

（二）二點小綠葉蟬（*Amrasca biguttula*）

　　二點小綠葉蟬是一種雜食性昆蟲，攻擊如棉花、秋葵、茄子、豇豆和向日葵等重要經濟作物。這種昆蟲在臺灣乾旱期間攻擊茄子。

　　生物學：二點小綠葉蟬幾乎整年繁殖。雌蟲在葉片下產下 17-38 粒黃白色的卵，並埋到葉下表皮的葉脈。卵於 4-11 天孵化，孵化成綠色楔形和

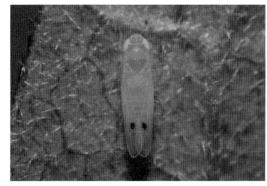

圖 14-2.　二點小綠葉蟬。

非常活躍的若蟲。若蟲 5 齡，每一個齡期在 3-5 天完成。羽化成有翅成蟲後，牠們可以活 5-7 週。成蟲約 3 毫米長、綠黃色，在翅末端有兩個明顯的黑點（圖 14-2）。二點小綠葉蟬可以在一個茄子生長季節完成 5-7 世代。產卵前期為 2-4 天，時間持續 4-9 天。

　　降雨是若蟲和成蟲的主要死亡因素，平均低溫（低於 29℃）和高溼度（大於 78%）對葉蟬族群產生不利的影響。

　　危害狀：若蟲和成蟲從葉下表皮吸取細胞汁液。受攻擊的葉片初期有灰白色斑點，後來變為鐵鏽色，此導致降低光合作用和植物的活力，有時嚴重受害的葉片會掉落。據報告稱，二點小綠葉蟬在攝食時，會注射毒素到植物部位，但是並未知道是否會傳播任何病毒或菌質病。

　　管理：目前農民只使用化學殺蟲劑防治此害蟲。在大多數國家，使用的農藥針對於危害更嚴重和難以防治的茄螟，且其中的一些農藥也同時能防治葉蟬。

　　在永續的基礎上，有必要減少農藥使用過度，可轉而培育茄子抗蟲品種。但到目前為止，這種抗蟲品種尚未開發上市。

不同殺蟲劑的有效性及不同作物防治二點小綠葉蟬的方法，已有大量文獻。可依行事曆或田間狀況爲基礎施用農藥，根據作物和季節而定。各個國家皆有關於二點小綠葉蟬防治的最新殺蟲劑建議資訊，施用前必須核對官方推薦藥劑。

（三）*Epilachna dodecastigma* 和茄二十八星瓢蟲（*E. vigintioctopunctata*）

這兩種瓢蟲攻擊不同品種茄科類蔬菜，如：茄子、番茄和馬鈴薯。牠們是主要的葉片取食者，主要取食危害是由成蟲和幼蟲（蠐蟆）引起的。成蟲球形，約8-9毫米長，5-6毫米寬。茄二十八星瓢蟲成蟲是深紅色，通常在每個前翅（鞘翅）有七至十四個黑點，鞘翅的前端通常是尖的。*E. dodecastigma* 成蟲是深銅色，並在鞘翅上有六個黑點，前端是有點圓。兩物種的幼蟲爲 6 毫米長、淡黃色，並有六排分叉的刺。

生物學：兩種植瓢蟲屬（*Epilachna*）的生物學和危害模式是非常相似的。考慮到其豐度，茄二十八星瓢蟲遠比 *E. dodecastigma* 更重要。雌成蟲多數在葉背面產下黃色雪茄形的卵，每一卵塊 5-40 粒卵，一隻雌蟲一生可產卵多達 400 粒卵，卵於 3-5 天孵化，且出現體有黃刺的幼蟲。幼蟲在葉下表面取食，7-18 天完全發育。幼蟲 4 齡，完全發育的幼蟲約 6 毫米長。蛹顏色較深，最常發現固定在葉、莖，通常在植物的底部，蛹期 5-14 天，生命週期可以在 15 天內完成，且一年有好幾個世代。涼爽的時期，成蟲在洞穴或植物枯葉堆中越冬。

危害狀：成蟲和幼蟲因於葉片上表面取食造成危害。牠們吃掉葉組織固定區域，留下中間平行帶狀吃剩的組織，葉片因此呈現出蕾絲般的外觀，受害葉片變黃、乾枯、掉落，植物完全只剩葉脈（圖 14-3）。

管理：各個階段的 *Epilachna* 甲蟲可徒手從作物抓取，此因昆蟲的所有階段暴露於植物表面。培育茄子抗蟲品種的潛力是存在的。數種殺蟲劑

圖 14-3. 茄二十八星瓢蟲幼蟲與危害狀。

能有效地防治 *Epilachna* 甲蟲。至今尚無化學防治失效的報導。請與當地政府推廣資訊核對所推薦的防治 *Epilachna* 化學農藥清單。

（四）棉蚜（*Aphis gossypii*）

此種高度多食性、世界性分布，害蟲攻擊包括茄子等大量農作物，此害蟲只能在陰涼乾燥的季節嚴重危害茄子。棉花和瓜類都是棉蚜更偏好的寄主。生物學上，茄子的危害狀與番茄類似。有關詳細資訊，請參閱番茄蟲害的章節，大多數在番茄上所採用的防治棉蚜措施，也可防治茄子上的此害蟲。雖然寄主植物抗性的資源有文獻紀錄，但已無認真努力培育茄子的抗棉蚜品種。

二、甘藷害蟲

甘藷（*Ipomoea batatas*）作為人類的食物已好幾個世紀了，基本上它屬亞洲作物，因為全球甘藷 90% 以上生產是在亞洲；臺灣甘藷產量近幾年已經下降。除了塊根外，還以甘藷植株頂梢當作綠色葉菜消費，在臺灣本島已逐漸增加。

通常非食用的甘藷整年隨時都可用藤蔓來種植。它是一種低投入的作物，幾乎總是有產量，播種 4-6 個月後隨時都能收成，用途多種、營養又高。根是碳水化合物和維生素 A 的重要來源。橘紅肉品種的根可作為主食。

在臺灣，下面的昆蟲物種造成甘藷實質性損害：

(1) 蝦殼天蛾〔*Agrius convolvuli* (L.)〕（鱗翅目：天蛾科）

(2) 甘藷螟蛾〔*Omphisa anastomosalis* (G.)〕（鱗翅目：螟蛾科）

(3) 甘藷蟻象〔*Cylas formicarius* (F.)〕（鞘翅目：象鼻蟲科）

（一）蝦殼天蛾（*Agrius convolvuli*）

此鱗翅目害蟲實際出現在全非洲和亞洲，是一種多食性昆蟲，若有可利用的寄主植物，牠較偏好甘藷。

生物學：卵可以單獨產在莖或葉子下表面，6-10 天的孵化期後，剛孵出的幼蟲開始取食葉片（圖 14-4）。幼蟲 5 齡，每個齡期具有突出的後角。體綠色的幼蟲體型大，而且是暴食者；第五齡幼蟲有 95 毫米長，14 毫米寬，幼蟲期 3-4 週。化蛹發生在土壤的土繭中，蛹期約 1 個月。通常在夏季，一個種植季節有 3 個世代。在非洲某些地區，有報告指出此害蟲會導致嚴重落葉，也有 20-50% 的產量損失。

圖 14-4. 蝦殼天蛾。(A) 幼蟲；(B) 幼蟲在甘藷葉片取食之危害狀；(C) 蛹。

危害狀：幼蟲夜行性且取食甘藷嫩葉，經常從生長點剝去葉片，在主要危害期間整個植株會落葉。一大片甘藷田去葉後，經常集體遷移到新田。

管理：目前很少有此害蟲防治措施的資訊。如小規模種植，建議採集和銷毀幼蟲，以及收成後不久整地被害田，以暴露蛹。如果必須施用殺蟲劑，使用相對便宜及更安全的農藥如馬拉松，可防治此害蟲的幼蟲，因爲幼蟲是葉外表取食者，且容易接觸農藥而中毒。使用任何殺蟲劑之前，請核對當地所推薦之農藥。

（二）甘藷螟蛾（*Omphisa anastomosalis*）

此鱗翅目昆蟲是甘藷在東南亞和夏威夷的一種嚴重害蟲。在臺灣，這種昆蟲於澎湖尤其嚴重危害。

生物學：卵單獨產於葉柄、葉柄腋及葉片的主脈（圖 14-5）。雌蟲產約 300 粒卵，5-6 天後孵化，幼蟲在莖上徘徊以選擇合適的地點鑽入番薯藤。幼蟲期平均約 35 天，成熟的幼蟲是淺紫色，雖然偶爾呈現黃白色。頭部棕色，頸盾黃色，腹面和足白色，背部和兩側有黃棕色的凹痕。然後，牠造一個絲繭，且在莖內靠

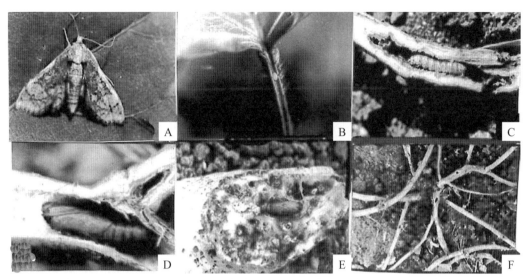

圖 14-5. 甘藷螟蛾。(A) 成蟲；(B) 卵產在葉片上；(C) 幼蟲蛀入藤蔓內；(D) 在藤蔓內化蛹；(E) 有時幼蟲進入最靠近土壤表面的根取食並在根內化蛹；(F) 有蛹的甘藷藤蔓處成蟲的羽化孔（AVRDC-World Vegetable Center）。

近大概化蛹前所做的出口處附近化蛹。幼蟲到達貯藏根並在該處化蛹，淺棕色蛹被包圍在白褐色織網內。化蛹 14 天後羽化成成蟲，雌成蟲交尾後 3 天，開始產卵並且存活 10 天。

危害狀：主要的損害來自幼蟲鑽入主莖取食使塊根受損。蟲糞掉落在地面上，由此可找到幼蟲取食處的隧道。嚴重被蛀入藤蔓顯出微弱的生長，且在晴天變黃色及枯萎，此植株即是較差的塊根形成。有時，幼蟲也可以鑽入根內，並嚼出大的隧道並在該處化蛹。在澎湖，近 90% 的植物一半產量遭受損壞和減產。

管理：由於昆蟲在葉片和莖上產卵，在種植前將甘藷切株（cutting）滴浸在合適的殺蟲劑溶液內將可擺脫危害源。種植後，噴灑合適的殺蟲劑，可幫助在進入甘藷藤前殺死幼蟲。在主莖周圍的土壤內，施用合適的系統性殺蟲劑粒劑，有希望可減少極大的危害。這種處理，可能會在塊根留下一些殺蟲劑殘留。

（三）甘藷蟻象（*Cylas formicarious*）

甘藷蟻象屬象鼻蟲物種，幾乎在每一個熱帶和亞熱帶國家，甘藷種植的任何地點，攻擊甘藷塊根和藤蔓，此蟲的幼蟲在塊根內取食，即使輕微受損的塊根，

仍不適合人類食用。

生物學：卵單獨產在根或較老的莖洞孔部分，卵被分泌物覆蓋，因此不容易看到。5-6 天後卵孵化，且幼蟲開始鑽入根或莖，視產卵地點而定。根和莖中的幼蟲留在各自的植物部位內（圖 14-6），從根到莖或在其他方向、沒有幼蟲的隧道。在根內製造隧道網路進食 25-35 天，在此期間完成 3 齡幼蟲期。根內進行化蛹，蛹期 6-8 天。從蛹羽化後不久，成蟲停留在蛹室，然後一路穿過植物組織。成蟲壽命很長（圖 14-6）。

危害狀：主要危害來自於幼蟲在根部的取食。幼蟲取食隧道充滿腐爛的蟲糞，使受損組織有特殊的萜類（terpene）氣味。因此，即使是輕微損壞的根也不適宜食用。雖然有時會有大量幼蟲在莖內取食，但只有在種植作物後立即開始危害，才會導致減少產量，作物生長季中以後的危害，不會減少根的產量。遭蟻象破壞的莖腫大，由於後天的成長，這有可能是寄主植物導管組織向外生長所致，

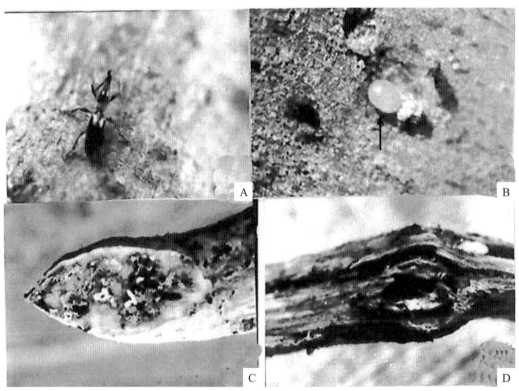

圖 14-6. 甘藷蟻象。(A) 成蟲；(B) 卵產在甘藷根表皮下；(C) 甘藷根的幼蟲取食危害狀；(D) 幼蟲取食成熟甘藷蔓（AVRDC-World Vegetable Center）。

以彌補蟻象幼蟲取食所造成的破壞。

　　管理：由於隱蔽的取食習慣，甘藷蟻象很難施用傳統的殺蟲劑來防治。其有限的或幾乎不存在的飛行活動，這意味著該昆蟲是透過種植材料攜帶而移動，其寄主特定於甘藷屬，而其進入和危害植物的特殊模式，甘藷蟻象很容易受到簡單的耕作措施壓制，如：輪作、清潔栽培、覆蓋和類似的其他措施等。因此，目前所嘗試的各種防治方式，改良耕作方法是在極低成本下，對抗甘藷蟻象有最大效用的。

　　耕作防治：耕作害蟲防治涉及變更或改善栽培方法，可直接或間接地減少害蟲危害。耕作方法如：輪作、間作、覆蓋、清園等，是最早主張用於減少甘藷象鼻蟲危害的防治措施。

　　作物輪作：作物輪作如每 5 年在田間種植一次甘藷，臺灣的研究已建議避免在同一地區連續 2 年種甘藷，或兩個甘藷作物間種植水稻，此建議已證實有效。

　　覆蓋：土壤裂縫是蟻象進入根的主要途徑。根增大，尤其是把根種植靠近土壤表面的品種，還有土壤水分壓力會產生裂縫，並增加根暴露於象鼻蟲下的風險。缺乏裂縫可排除蟻象接近根，例如：在臺灣，雨季時土壤很少龜裂，甘藷蟻象危害很低。圍繞植株堆成土堆，或經常灌溉，可防止土壤龜裂，也是建議作為減少象鼻蟲危害的重要方法。即使土壤龜裂，透過使用覆蓋材料製成的物理覆蓋，也能進一步減少蟻象接近根。

　　清園：清園措施或是清除植株，特別是防治飛行活動有限的昆蟲，可幫助防止作物免受害蟲危害。這些做法直到引進和廣泛使用化學殺蟲劑前都扮演重要的角色。已推薦各種清園方法來防治象鼻蟲，在有些地區，甚至以法律強制規定。清園條件包括：(1) 破壞甘藷作物殘株；(2) 使用未被蟻象危害的扦插苗種植甘藷作物；(3) 防治種植區內或鄰近地區替代寄主上的蟻象。

(1) 破壞作物殘株：收穫後破壞留在田間的作物殘株是非常重要的，因為蟻象在根、莖存活，會危害後續或鄰近的甘藷種植。在大多數情況下，輪作可達到此目的。

(2) 潔淨的扦插苗：甘藷蟻象在缺乏貯藏根或無法接近根時，會在較老部位的藤蔓產卵，種植已被害的藤蔓會擴散蟻象。因此，通常建議使用無蟻象的甘藷扦插苗，可將無蟻象的扦插苗在種植前，先浸潤合適的殺蟲劑溶液。

事實上，甚至從受蟻象危害的作物中，取新長出之末梢扦插苗（長 25-30 公分）亦很少受到蟻象危害，但同一條莖較老的部位則有蟻象。在嫩梢插條發現裡面的甘藷蟻象數量的概率，會隨著較年幼的插條而下降。此在田間試驗 1-8 週齡的插條暴露在甘藷蟻象實驗中獲得證實。

(3) 防治替代寄主植物：除了甘藷外，好幾種牽牛花屬品種，以及一些旋花科植物也是甘藷蟻象的替代寄主。超過三十種牽牛花屬可停棲蟻象。在旋花科寄主中，昆蟲壓倒性的偏好甘藷。存在替代寄主時，其中大部分是多年生，對甘藷蟻象的危害是重要的。移除這些種在甘藷附近生長的寄主，建議可作為一種防治措施。

其他耕作措施可能有助於減少蟻象危害，通常主張將扦插苗深插入土壤中，利用深根的品種，當根生長到可接受的大小前儘快採收。種植抗蟻象的甘藷品種也代表了一種潛在的耕作防治方法，但是，目前並無抗蟻象的可靠品種，並且利用傳統育種方法可能永遠不會發展成功。

性費洛蒙：甘藷蟻象的性費洛蒙已鑑定及合成並上市。此單一組成分的性費洛蒙，具有吸引雄蟲以監測其出現之功用，以便即時採取防治措施。由於其效力和相對較長的持久性，這種化學物質可使用於打擊甘藷蟻象的綜合蟲害管理計畫。

整合不同管理措施：上述防治措施，在全年種植且地方性甘藷的地區，單獨使用是無法完全防治甘藷蟻象的。然而，戰術的組合可以給予滿意的防治。除了生物防治和殺蟲劑的應用外，其他所有防治措施都是完全兼容的。但是，生物防治因子很快就會被化學殺蟲劑消滅。

在新種甘藷危害很重要的兩種蟻象主要來源是：(1) 來自原先危害區扦插苗上帶來的個體繼續存在（或較老的枝條部位用來扦插）；(2) 從替代寄主或在附近新危害作物的蟻象遷移過來的。

要有效防治蟻象，必須注意這兩種蟻象的來源。仔細挑選新鮮扦插苗和保持種植區周遭環境無牽牛花屬的雜草，對有效防治害蟲很重要。上述防治方法的整合，對降低和防止作物被蟻象危害是可行的。實際上，上述病蟲害綜合防治計畫已成功在臺灣的農田上呈現。如果所有社區的農民一致嚴格遵守這些措施，甚至可能滅絕該地區害蟲，特別是在蟻象危害甘藷的太平洋和加勒比海小島社區。

第十五章

玉米害蟲

　　玉米（*Zea mays*）是全世界經濟上重要的糧食作物，它是中美洲、南美洲和非洲部分地區的一些國家的主要糧食作物，在亞洲，它是主糧的補充食物和飼料作物。此作物有幾種害蟲取食，其中有玉米穗蟲〔*Helicoverpa armigera* (Hübner)〕、亞洲玉米螟〔*Ostrinia furnicalis* (G.)〕、斑禾草螟〔*Chilo partellus* (S.)〕、玉米蚜〔*Rhopalosiphum maidis* (F.)〕、秋行軍蟲〔*Spodoptera frugiperda* (J. E. Smith)〕危害田間作物，玉米象鼻蟲（*Sitophilus zeamais*）則以貯存的乾燥種子為食。

一、玉米穗蟲（*Helicoverpa armigera*）（鱗翅目：夜蛾科）

此高度多食性的昆蟲廣泛分布於南歐、亞洲和非洲，是一種多食性蛾，以玉米、棉花、豇豆、綠豆、高粱、番茄、樹豆、鷹嘴豆等為寄主（圖 15-1）。

圖 15-1. 玉米穗蟲。(A) 危害狀；(B) 幼蟲；(C) 成蟲。

生物學

卵：玉米穗蟲雌蟲準備交配時，會產生性費洛蒙，吸引雄蛾進行交配。雌蟲交配數次，一生中產下 300-3,000 粒卵，球形帶羅紋表面的白色卵，分別產在植株的各個部位，卵在 2-4 天內孵化成幼蟲。

幼蟲：從卵中孵出來後，幼蟲立即開始以產卵的植物部位為食。完全發育後，幼蟲體長為 35-40 毫米，帶淺綠的深棕色，背面有深色條紋。根據溫度的不同，牠在 20-25 天內經歷 4 個齡期，有時是 5 個齡期。

蛹：完全成長的幼蟲從寄主植物向下降，在土壤 5-8 公分深處化蛹，蛹為深黃棕色。根據溫度的不同，蛹期 9-15 天。

　　危害狀：幼蟲是暴食者，牠的咀嚼式口器有很強的大顎，因此會撕裂葉片取食，在玉米穗軸周圍處包裹葉片，取食發育中的種子和發育中的穗軸幼嫩部分，此結果導致種子產量的損失。

　　管理：此昆蟲是多食性，在常年種玉米的熱帶到亞熱帶國家，此昆蟲必定會在田間存在。為了避免不必要的使用殺蟲劑，在田間設置一些性費洛蒙誘集器裝置，有助於監測此害蟲的發生。當本蟲開始進入農田時（由誘蟲器所顯示）就要準備噴藥，建議只噴灑當地政府推薦的殺蟲劑，與依據兩次噴灑之間隔期噴灑。如果種植對害蟲具有抗性的玉米品種，將有助於減少害蟲的危害。近年來，已經獲得了蘇力菌轉基因的玉米品種，特別是飼料玉米，其種子用於動物飼料。這些玉米品種對害蟲有很高的抵抗力，並且廣泛種植。為了保持這些品種的抗性，使用慣行（非蘇力菌轉基因）品種種植一定比例的玉米是有用的。由於玉米穗蟲高度多食性，因此不是非得要種植蘇力菌轉基因品種，但在大規模玉米種植中，可以安全地種植一部分（10%）非蘇力菌轉基因的品種。

　　如果玉米不是蘇力菌轉基因品種，請使用當地政府推薦專門用於處理玉米穗蟲的殺蟲劑。

二、亞洲玉米螟（*Ostrinia furnacalis*）（鱗翅目：螟蛾科）

　　此多食性昆蟲從東部的日本到西部的印度，廣泛分布於熱帶到亞熱帶的亞洲。雌蛾體色為淺棕色至黃色，翅展寬 26-28 毫米。雄蛾的腹部逐漸變窄，外表黑褐色，雄蛾體型比雌蛾小。除玉米外，此害蟲還可以高粱、小米、大麻（hemp）和野草為食。

　　生物學：雌性在玉米葉片的下表面大量產卵，有時一個卵塊可超過 500 粒卵，卵在 3-4 天內孵化。新孵出的幼蟲在產卵的輪生葉中覓食，受到保護性絲網保護。大約 1 週後，幼蟲向下移動並鑽入莖中。幼蟲在莖內取食長達 3 週，在此期間，牠們會根據溫度經歷 5 齡。蛹期 1 週（圖 15-2）。

圖 15-2. 亞洲玉米螟幼蟲取食玉米莖（左）與穗（右）之危害狀。

危害狀：通常，此害蟲會危害 3-4 週齡的玉米植株。最初以葉片組織為食後，幼蟲鑽入中肋，然後進入莖中，亦可能鑽入玉米穗。幼蟲取食會使寄主植物衰弱，減少穗鬚和穗（玉米穗軸）的產量。如果玉米螟攻襲主莖時，植物可能倒伏並乾掉。

管理：幼蟲個體進入莖後，會導致莖枯萎，必須連根拔起並摧毀此植株。由於昆蟲會產卵塊，因此可以利用以昆蟲卵為食的卵寄生蜂種類（*Trichogramma* sp.）嘗試管理。螟黃赤眼蜂（*T. chilonis*）已經測試證實，以每公頃 100,000 隻的比例釋放有效。

在美國等其他國家，已經開發了表現蘇力菌毒晶體蛋白 Cry1Ab 的蘇力菌（Bt）轉基因品種，並將其商品化，用於管理玉米穗蟲。在中國的實驗室測試中，含有這種 Bt 基因的轉基因玉米植物，對亞洲玉米螟幼蟲的致死率超過 95%。如果將 Bt 轉基因玉米商品化，這將有希望防治此害蟲。如果必須使用殺蟲劑，請謹慎使用當地政府正式推薦的殺蟲劑。

三、玉米莖蛀蟲或斑禾草螟（*Chilo partellus*）（鱗翅目：螟蛾科）

玉米莖蛀蟲或斑禾草螟是一種寡食性鱗翅目昆蟲，以草類爲食，其中包括重要的栽培穀物，尤其是玉米、高粱、稻米、甘蔗和小米。牠可以在幾種草上存活，包括蘇丹草（*Sorghum vulgare* var. *sudanense*）、象草（*Pennisetum purpureum*）和葦狀高粱（*Sorghum arundinaceum*）。此昆蟲已經傳播到南亞、東非和地中海國家，牠是南亞、東南亞、東非以及最近的地中海地區的水稻害蟲。

成蟲的前翅淺棕色，翅邊緣有許多褐色的閃亮斑點，後翅薄而白，頭是深色的，背面有縱向的四個棕色條紋（圖 15-3）。

生物學：春季時，卵在葉下面以 50-100 粒排成一排的卵塊，單一雌蛾在其 4-12 天的壽命中，可產下 300 多個卵，卵在 4-5 天內孵化，幼蟲 6 齡。最初，幼蟲會先在葉片上蛀孔，然後再通過中央輪生處向下鑽入莖稈，並在莖稈內部化蛹。整個生命週期在 3 週內完成，一年有 5 代。最後一代的老熟幼蟲在殘株中冬眠，直到次年春季種植新作物才羽化。

圖 15-3. 斑禾草螟幼蟲在玉米取食之危害狀。

除了玉米，鱗翅目還以甘蔗、水稻、蘇丹草、珍珠粟和其他屬於禾本科的植物爲食。

四、玉米蚜（*Rhopalosiphum maidis*）（半翅目：常蚜科）

這種起源於亞洲的蚜蟲現已遍布世界各地。在熱帶到亞熱帶的亞洲，此蚜蟲以禾本科的各種作物爲食。除了造成取食損害外，此蟲還可能在植物之間傳播毒

素病（圖 15-4）。

生物學：在熱帶到亞熱帶地區，此昆蟲的生命週期非常短，從 5-10 天不等。結合禾本科植物家族中廣泛的寄主範圍，本蚜蟲每年可生產 30-40 代。孤雌生殖，其中僅產生雌性若蟲，若蟲 4 齡。無翅若蟲起初爲淡綠色，足與觸角無色，約 0.5 毫米。若蟲生長，其身體顏色（包括附肢）會變深，體長可以長到 1.3 毫米。若蟲經歷 2-4 齡，從 1-4 齡發育時間分別爲 4.5、4.5、4.5 和 4.7 天。

危害狀：玉米葉片蚜蟲以葉片及玉米植株的穗和絲爲食。昆蟲取食會影響花粉的生產，進而影響授粉，導致玉米粒減少，從而影響玉米種子產量。另外，蚜蟲的危害會降低植物的生長和延遲成熟。取食時，蚜蟲會產生蜜露落在葉子上這種含糖物質會吸引黑色煤煙黴菌，此含糖分泌物導致眞菌生長，降低光合作用，最終影響了植物的生長和產量。

此昆蟲將病毒從罹病植株傳播到健康植株，從而傳播病毒病。許多病毒病無法治癒，且造成產量下降。一些常見的毒素病如玉米條紋病毒病、玉米矮化鑲嵌病毒病和玉米條紋病毒病。

管理：蚜蟲受黃色吸引，因此可在田間架設黃色黏板誘集裝置，將有助於了

圖 15-4. 玉米蚜。(A) 若蟲；(B) 危害狀。

解蚜蟲何時抵達，以準備採取適當的管理措施。在種植時或種植後不久，施用系統性殺蟲劑粒劑於土壤，有助於減少蚜蟲的危害，建議使者當地政府推薦的化學農藥。若能種植抗蚜蟲與抗病毒品種，既可以減少有害生物的危害，又可以減少病毒病的傳播。

五、秋行軍蟲（*Spodoptera frugiperda*）（鱗翅目：夜蛾科）

　　此行軍蟲是美國各種農作物的常見害蟲，但近年來，牠已傳播到非洲和東南亞，包括印度、孟加拉、緬甸、泰國、中國等，造成了嚴重損失。據報導，臺灣於 2019 年 7 月出現。之所以稱為行軍蟲，是因為在破壞了一塊農田後，牠會移動到下一塊農田，就像行軍，對其造成傷害並轉移到其他農田。此種昆蟲具有高度多食性，取食並破壞 300 多種植物，牠的危害主要發生在穀物中，例如：玉米、高粱、稻米、甘蔗、小麥，以及多種蔬菜（圖 15-5）。

圖 15-5. 秋行軍蟲。(A)：危害狀；(B)：幼蟲。

生物學

　　卵：卵成塊產下，在葉表面產 2-4 層深的卵塊，每個卵塊有 150-200 粒卵，每隻雌蟲最多可產下 1,000 粒卵。在少數情況下，尤其是在幼小的植物中，莖上也可能會發現卵塊。每個卵塊覆蓋著一層來自雌蟲腹部的灰粉紅色鱗毛保護，這種覆蓋物可以保護卵免受寄生天敵的寄生。

幼蟲：秋行軍蟲幼蟲呈淺綠色，有深褐色的縱條紋。牠有四對原足，在腹部的最後一節上有一對一樣的前足。孵化後不久，幼蟲呈綠色，有斑點的黑線。在年齡較大的幼蟲，頭部有黃色倒 Y 形形狀，腹部末節呈方形排列的四個黑點。有 5-6 齡。

蛹：蛹體長比幼蟲短（1.4-1.7 毫米）；雄蛹長度比雌蛹短。化蛹通常發生在土壤中，但有時也可能發生在成熟的玉米穗內。蛹期在夏季 8-9 天，冬季更長。

成蟲：雄蟲較雌蟲身體略小。與雌蟲色斑相比，雄蟲前翅呈斑雜色，從灰棕色到灰色和棕色，前斑的標記不太明顯。成蟲壽命約 10 天。

危害狀：秋行軍蟲為高度多食性，儘管牠似乎更偏好植物生長的後期，但可以破壞玉米植株的任何生長階段。幼蟲從葉片上表面刮食，留下完整的下表皮層，形成類似窗口的外觀。幼蟲攝食顯示出特殊的孔，和葉片邊緣的參差不齊以及幼蟲糞便，害蟲幼蟲以玉米穗內部發育的種子為食。在幼小的植物中，幼蟲從植物的基部切斷植株，如果未完全殺死此植株，會影響植物的生長。

管理：此昆蟲在植物上產下明顯易見的卵塊，物理清除此卵塊有助於減少昆蟲的危害。與綠葉豆科山螞蝗屬（*Desmodium*）植株間作，並在田間周圍種植禾本科臂形草屬（*Bracharia*）做陷阱植物，有助於減少蟲害。透過燈光或性費洛蒙誘捕成蛾，有助於減少害蟲的族群。如有必要，請選擇施用政府推薦的殺蟲劑處理害蟲。

第十六章

馬鈴薯害蟲

　　馬鈴薯有時也稱爲白薯或愛爾蘭馬鈴薯（*Solanum tuberosum*），起源於南美安地斯地區（祕魯和玻利維亞）。在大多數歐洲和南美、北美、亞洲，馬鈴薯是主要農作物，非洲則作爲蔬菜消費。馬鈴薯植物的唯一可食部分是塊莖。除了澱粉（18%）和蛋白質（2%）外，馬鈴薯還含有大量礦物質、維生素 C；而黃肉馬鈴薯中含有一些胡蘿蔔素。馬鈴薯比起稻米和小麥等穀物單位面積產量，其可以養活更多的人。

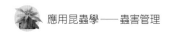

主要害蟲如下：

(1) 馬鈴薯塊莖蛾〔*Phthorimaea operculella* (Z.)〕（鱗翅目：麥蛾科）

(2) 桃蚜〔*Myzus persicae* (S.)〕（半翅目：常蚜科）

(3) 茄二十八星瓢蟲〔*Epilachna vigintioctopunctata* (F.)〕（鞘翅目：瓢蟲科）

一、馬鈴薯塊莖蛾（*Phthorimaea operculella*）

馬鈴薯塊莖蛾（Potato tuber moth, PTM）無論在田間，還是收穫後的貯存期，都是馬鈴薯的重要害蟲。此種昆蟲及其寄主起源於南美洲西部，但現在牠在亞太地區和非洲造成的影響，比在中美洲和南美洲更爲重大。

馬鈴薯塊莖蛾成蟲是一種體型小的細長飛蛾，翅帶有狹窄的緣毛，體長約 1 公分，翅展約 1.5-1.7 公分。成蟲的全身顏色通常爲淺棕色，有較暗薄的不規則區域。頭和胸部是淺棕色的，前翅亦爲淺棕色，帶有少量暗色斑點，後翅是灰白色。

生物學：卵爲橢圓形，略長於 0.5 毫米，光滑帶微黃。成蟲將卵單獨或在田間，分批產在葉下表面或田間裸露的塊莖上，或倉貯的芽眼附近。單一雌蛾總共產下 40-290 粒卵。卵通常會在 3-15 天內孵化，但是在冬季，卵期可長達 8 週。卵不能忍受低溫，在 1-4℃下放置 4 個月則無法孵化（圖 16-1，並見附錄）。

圖 16-1. 馬鈴薯塊莖蛾成蟲。

第一齡幼蟲鑽入葉片，在該處產生斑點。幼蟲隨後潛入主脈、葉柄、嫩芽，然後逐漸沿著莖向下，有時進入塊莖。幼蟲期 13-33 天。化蛹發生在地面落葉的繭或塊莖中，蛹期 6-26 天。成蟲夜行性，主要在夜間飛行，並被燈光吸引。超過 80% 的成蟲在白天羽化，成蟲壽命長達 10 天。如果條件理想，一年中最多可以有 13 代，完整的生命週期 17-125

天。所有階段的發育皆受到溫度很大的影響，文獻紀錄的最大繁殖力是在 28℃。本蟲可以在 15-40℃的溫度範圍內繁殖。

危害狀：田間發生危害時，幼蟲取食葉片和塊莖，進入貯藏危害。在田間的植物上，在葉、葉柄和莖上都發現有斑點。幼蟲攝食會使其莖變弱並折斷，有時植株會枯萎。部分幼蟲會從植物向下爬行入侵塊莖，特別是在土壤乾燥且深度裂開的情況下。最終，塊莖被較大的幼蟲所蛀食，被害塊莖會被真菌和細菌感染。在受損的塊莖內部，發現大量幼蟲隧道，充滿幼蟲和其糞便。

在氣候有利於馬鈴薯塊莖蛾生長，和馬鈴薯作物廣泛種植的地區，本蟲是馬鈴薯的嚴重害蟲。此害蟲在危害馬鈴薯塊莖時會造成大量經濟損失，且葉面危害也會造成產量損失，尤其是當昆蟲潛入莖部，並殺死危害部位上方的植物組織時。在蘇丹發現，深植的塊莖中，僅有 3.3% 的馬鈴薯塊莖受損，淺植的塊莖中，則有 16% 的馬鈴薯塊莖受損。當塊莖危害量高時，因為從中挑選出健康的塊莖非常耗時，可能不值得採收。收穫後的貯存中馬鈴薯塊莖，受此害蟲的危害更為嚴重。在祕魯，採收後僅貯藏 4 個月，塊莖危害率就超過了 90%。

儘管馬鈴薯塊莖蛾主要是馬鈴薯的害蟲，但牠也能在茄子、番茄、辣椒、菸草等農作物上存活下來。

管理：至今尚未發現對馬鈴薯塊莖蛾具有抗性，且可以提供良好產量的馬鈴薯品種。

耕作防治：任何減少塊莖暴露於產卵中雌蛾的方法，都可降低馬鈴薯塊莖蛾的損害。由於已受危害的塊莖是田間再次發生蟲害的原因之一，因此，使用健康的塊莖，將降低田間害蟲發生的機率。與 6 公分種植深度相比，10 公分種植深度對馬鈴薯塊莖蛾的防治效果更好。灌溉在減少馬鈴薯塊莖蛾危害方面也有重要作用，在傳統的溝灌條件下種植的馬鈴薯，比在噴灌條件下種植的馬鈴薯，遭受馬鈴薯塊莖蛾更大的危害，因噴灌減少了土壤開裂機會。裂開的土壤使馬鈴薯塊莖暴露在外，馬鈴薯塊莖蛾幼蟲易於進入。培土（hilling）——一種在植物基部周圍添加土壤的方法，該方法可以填充土壤裂縫，並減少馬鈴薯塊莖蛾幼蟲進入的機會。

應透過在窗戶上裝紗網來保護貯存的馬鈴薯，以防止產卵的雌蛾。所有使用過的容器，例如：麻袋、圓筒，用於置放新採收的塊莖之前，應徹底清潔，以清

除植物殘株、和馬鈴薯塊莖蛾的任何生活齡期，最好是經熏蒸或蒸汽消毒。馬鈴薯應貯存在低於 10℃的溫度下，以防止卵孵化和幼蟲攝食。

性費洛蒙：馬鈴薯塊莖蛾的性費洛蒙已經鑑定並合成。它由兩種化學物質混合組成：反式 4, 順式 -7-7 十三碳二烯基乙酸酯（PTM1）〔trans-4, cis-7-7 tridecadienyl acetate (PTM1)〕和反式 -4, 順式 7, 順式 -10 十三碳三烯基乙酸酯（PTM2）〔trans-4, cis7, cis-10 tridecatrienyl acetate (PTM2)〕。與原始雌蛾的誘餌相比，PTM1：PTM2 的所有比率，均能有更佳的馬鈴薯塊莖蛾雄蟲捕獲率。噴灑當地政府推薦的殺蟲劑，亦將有助於減少馬鈴薯塊莖蛾對植物的危害。

生物防治：已經記錄了大量與馬鈴薯塊莖蛾相關的天敵，但長期以來，人們始終未能有效對馬鈴薯塊莖蛾進行生物防治。但 Graf（1917）發現，天敵 *Triphelps insidiosus* 和加州草蛉（*Chrysopa californica*）捕食馬鈴薯塊莖蛾卵；另一種捕食天敵植綏蟎（*Blattisocius keegani*）攻擊倉貯馬鈴薯的馬鈴薯塊莖蛾卵；捕食性食蚜蠅（*Syrphus novaezealandiae*）和食蚜蠅（*Melanostoma fasciatum*）在田間以馬鈴薯塊莖蛾幼蟲為食。

化學防治：在田間馬鈴薯植株上，噴灑幾種化學農藥，有很好的防治效果，從而減少馬鈴薯塊莖在收穫前的損害。必須使用政府推薦的化學農藥，並僅以建議的劑量使用。

二、蚜蟲類

危害馬鈴薯的主要蚜蟲是桃蚜〔*Myzus persicae* (S.)〕（圖 16-2）、棉蚜（*Aphis gossypii*）（圖 16-3，見附錄）、甜菜蚜（*A. fabae*）（圖 16-4）、豆蚜（*A. craccivora*）（圖 16-5，見附錄）和偽菜蚜（*Lipaphis erysimi*）（圖 16-6，見附錄）。蚜蟲是全球馬鈴薯的最大害蟲，其原因在

圖 16-2. 桃蚜。

於，牠們傳播了馬鈴薯作物中一些具破壞性的毒素病。在五種蚜蟲中，桃蚜分布較廣，因此比其他種類更具危害性。

桃蚜是高度多食性，有超過 875 種植物可作為其寄主，牠也是最廣泛分布的物種。桃蚜具有孤雌生殖特性（雌性不需與雄性交配，即可直接產下若蟲），這種繁殖加上世代的快

圖 16-4. 甜菜蚜。

速翻轉（通常在 7-10 天內有 1 個世代），導致蚜蟲族群短時間內大量增加。在理想的田間條件下，桃蚜種群可於短短 1.7 天內翻倍，單一雌蟲可以生出 100 隻以上的若蟲。其他危害馬鈴薯的蚜蟲種類是棉蚜、甜菜蚜、豆蚜、偽菜蚜和麥蚜（*Raparosiphum padi*）。

生物學：在熱帶地區，不同寄主之間沒有代數交替，僅發現雌性，雌性透過孤雌生殖和胎生繁殖。大多數個體是無翅的，但有時會產生有翅型，以遷移該物種。在溫帶氣候下，繁殖或多或少是連續的，但桃蚜基本上是溫帶種類，在熱帶地區無法良好生存。桃蚜成蟲小至中型，長 1.25-2.5 毫米，通常呈綠色，胸部較暗，觸角長於身體的三分之二。已發現許多桃蚜的生理小種，牠們沒有形態學差異，但是寄主的食性卻不同。

危害狀

物理傷害：除了媒介病毒，桃蚜對植物的影響幾乎未引起注意。除在溫室以外，很少見到明顯的危害狀，亦難確定該病毒的症狀是否與桃蚜造成作物減產有關。

桃蚜藉由刺吸式口器，將其口吻刺入多汁的植物部分，並吸取植物汁液。幾次對植株汁液的取食刺探（probing）和抽吸，導致受損的葉片區域開始變黃，最終變成死掉的褐色斑點，進而導致用於光合作用的葉面積減少。此外，在蚜蟲取食時，會產生黏稠的含糖物質，該物質散布在葉片和其他植物部位，這為煤煙病真菌提供了極好的生長培養物質。很快的，此區域就被煤煙病菌完全覆蓋，也因此葉表面光合作用範圍不足，大幅降低產量。

（一）蚜蟲與病毒傳染

由於對經濟產生影響，馬鈴薯病毒病是最早研究的此類病害之一，也可看出馬鈴薯作爲主要糧食作物之一的經濟重要性。培育對病毒具有抗性的作物品種，是減少病毒病損失的最可靠方法，選育具有抗性的農作物品種，也是合乎邏輯的方式，但多年來，科學家們意識到，培育這種品種比抗病毒更困難。馬鈴薯易罹患的三十多種病毒和類病毒疾病，其中至少有十種是透過蚜蟲傳播的，就其透過蚜蟲媒介傳播的類別區分，馬鈴薯病毒被分類爲「持續性」（persistence）或「非持續性」（non-persistence）。

非持續性（非循環式）：大多數蚜蟲傳播的病毒都是非持續性（非循環式）的。在此類別中，病毒是透過昆蟲在表皮取食刺探（probing）之短時間（從幾秒鐘到幾分鐘）內獲得的。病毒由口針（stylets）攜帶，在此口器上保留不超過 1 個小時，並且不會被攝入。這類病毒可以在蚜蟲取食獲得後立即傳播，在新寄主植物所需之接種時間很短，從幾秒鐘到幾分鐘不等。在獲得病毒前禁食的昆蟲，可以更有效地傳播。非循環式病毒是汁液傳播，寄主範圍廣，寄主特異性低。除一種 PLRV 外，所有馬鈴薯病毒都是非持續性病毒。

持續性（循環式）：該病毒貯存在昆蟲的消化道、血淋巴和唾液腺中攜帶，病毒獲毒時間從 30 分鐘到幾個小時不等。蚜蟲傳播病毒前有潛伏期，傳播效率取決於獲毒取食時攝入的病毒數量，僅限接種取食持續至少幾個小時才可能傳播。這類病毒通常在媒介昆蟲體內終生繁殖，並長期保留在其體內，即使昆蟲蛻皮過程仍能保留。循環式病毒通常與韌皮部相關，寄主範圍窄，並且可能具有極高的寄主特異性。這類病毒不能透過汁液傳播。

管理：爲將蚜蟲作爲害蟲進行管理，本書針對其他農作物（番茄、十字花科植物、豆類）提出的一些管理說明，皆可適用於與馬鈴薯上，作爲害蟲防治，唯爲適應當地條件時，需適當修改。在此僅說明此類害蟲中的桃蚜在馬鈴薯的寄主植物抗性和桃蚜的生物防治兩個項目。其餘管理方案的討論，將專門針對作爲馬鈴薯病毒病媒介的蚜蟲。

寄主植物抗性：在野生馬鈴薯物種（*Solanum berthaultii*）中，對多種害蟲的

抗性，與植物表面上存在的腺毛（glandular pubescence）或毛狀體（trichomes）有關。Gibson（1971）描述腺毛有兩種類型，類型 A 為短柄，帶有一個四層（four-label）、膜封閉的頭部，接觸時破裂，釋放出黏性滲出液；類型 B 則是更長，逐漸變細並終止於持續滲出的簡單黏性小球。小型昆蟲（如：蚜蟲）被 B 型毛狀體的黏性液滴包裹住，更大的昆蟲被兩種毛狀體的共同作用誘捕，與 B 型滲出液接觸，其中含有類似或相同的蚜蟲警戒費洛蒙倍半萜類（sesquiterpenoid）成分（Gibson and Pickett, 1983），似乎擾動了桃蚜，導致其破壞 A 型腺體的膜並被捕獲。A 型滲出液包含多酚氧化酶（polyphenol oxidase），會使足和口部變硬，阻止進食，並常以此誘捕昆蟲（Gregory et al., 1986）。

　　Solanum berthaultii 被用於繁殖賦予毛狀體介導抗性的馬鈴薯栽培品種，並已開發出一些對蚜蟲具有高水準抗性的後代。這種抗性表現像是一個定量遺傳的性狀，另有一雜交種對北美和歐洲害蟲科羅拉多馬鈴薯甲蟲（*Leptinotarsa decemlineata*）具有高水準抗性（Raman and Radcliffe, 1992）。

　　生物防治：許多桃蚜的天敵已有記載（van Emden et al., 1969），但其寄生天敵加起來不超過 1%（Radcliffe, 1982）。部分原因是桃蚜天敵在作物上少見，因此難以進行定量研究。此外，沒有天敵是具寄主專一性的，這是有效生物防治的重要屬性。

　　捕食天敵被認為比寄生天敵更有效，並且對溫帶國家的主要寄主攻擊蚜蟲尤其有效（Radcliffe, 1982）。瓢蟲、食蚜蠅、草蛉、花椿、姬椿和長椿是蚜蟲捕食天敵最重要的分類群。重複使用桃蚜已經產生抗藥性的殺蟲劑，只會殺死這些捕食天敵，導致更驚人的蚜蟲爆發（Cancelado and Radcliffe, 1979）。

　　蟲生真菌如 *Canidiobolus obscurus*、*Erynia neoaphidis*、*Entomophthora planchoniana* 和 *Zoophthora radicans* 感染馬鈴薯蚜蟲。但是，高溼度對其流行病至關重要。殺菌劑可以抑制桃蚜中的真菌流行病（Nannel and Radcliffe, 1971），建議使用特定殺菌劑來防治馬鈴薯真菌病。

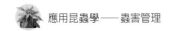

（二）馬鈴薯毒素病——媒介桃蚜之管理

　　如前所述，在馬鈴薯中，蚜蟲作為病毒病的傳播媒介，比引起物理損害導致產量損失的害蟲問題更為嚴重。因此，將討論如何將蚜蟲媒介最大程度地減少，降低病毒傳播等有關的管理選項。

　　化學防治：循環（持續）和非循環（非持續）病毒在蚜蟲媒介防治方面存在不同的問題。殺蟲劑能比大多數防治措施更快殺滅害蟲，通常在預防循環性病毒（如：PLRV）比非循環性傳播更為有效。即使植物上存在持續性有毒殘留物，也可能無法迅速地殺死媒介昆蟲，進而防止有翅蚜蟲入侵田間傳播非循環病毒。但是，此種處理方式，可能會減緩病毒在農田內的（次級）傳播或擴散。

　　在蚜蟲族群中，抗藥性和使用殺蟲劑引起的爆發是普遍現象。桃蚜已經顯示出對多種化學殺蟲劑產生抗藥性的能力（Metcalf, 1980）。這極大地限制了馬鈴薯 IPM 開發中的化學防治選擇。

　　族群監測：歐洲用於種植馬鈴薯新品種的無病毒馬鈴薯塊莖生產商，為生產馬鈴薯種薯長期以來依靠監視蚜蟲的飛行，來決定何時切割整個芽，以防止蚜蟲降落與傳播病毒。吸蟲器（suction traps）、黃色黏板和黃色水盤陷阱的使用，已成功地監測蚜蟲的發生。監視蚜蟲飛行的基本原理，是假設一定比例的蚜蟲潮中，有不可接受的一部分會在種薯上降落，且是帶有病毒的。

　　消滅感染源：在溫帶氣候下，桃蚜生命週期中最脆弱的時期，是在秋末至初春，未種植馬鈴薯或其他寄主作物的情況下。桃蚜的主要寄主包括桃和油桃、矮杏仁、杏、加拿大李和黑櫻桃的李屬（*Prunus*）植物。針對這些寄主的防治措施包括施用化學脫葉劑、可以去除大多數越冬卵的修剪、種植樹籬提供有益昆蟲的庇護所，以及在可行的情況下根除這些寄主。

　　在熱帶地區，一年四季都可能出現蚜蟲，因此，去除受病毒感染的植株，可阻止病毒在農作物中的傳播。這些植株應在年幼時移走，根除種植區域內和周圍的雜草，有助於減少病毒病傳播可能。

　　維持無作物期，或種植非感性作物，可以幫助打破害蟲週期。鄰近地區種植易受感染作物時，遠離病毒源，對生產無病毒作物很有用。熱帶地區所有的馬鈴薯主要種植國中，用於種植新作物的認證無病毒種薯生產也是一項發達產業，此

種薯的使用，減少了由於病毒引起的損失。雖然這些植株一進入田間就會被病毒感染，但是此感染是在季節後期才出現的，幾乎不會降低產量。除了使用抗病毒的馬鈴薯品種之外，這也是最大程度減少病毒感染的最可靠方法。

三、茄二十八星瓢蟲（*Epilachna vigintioctopunctata*）

在非洲、亞洲及太平洋地區，以馬鈴薯和其他茄科植物為食的兩種甲蟲中，茄二十八星瓢蟲分布最廣，以其他茄類農作物為食的另外一個相對次要種類是馬鈴薯瓢蟲〔*Epilachna ocellata* (Redt.)〕。

茄二十八星瓢蟲已有許多危害重要經濟農作物（特別是茄科）的紀錄了，尤其是在印度次大陸，其中又以馬鈴薯為偏好。此害蟲取食的其他農作物種類包括茄子、番茄、菸草、南瓜、苦瓜等。

成蟲的背部為黃棕色，腹側為淡黃色，背面有二十八個深色的圓形斑點。成蟲體長約 5-6 毫米，寬度為 4-4.5 毫米。頭部大致呈矩形，可自由連接在前胸背板前緣的深槽中（圖 16-7）。

生物學：茄二十八星瓢蟲的整個生命階段都花在寄主植物的葉片上。

圖 16-7. 茄二十八星瓢成蟲。

卵：通常在馬鈴薯葉下表面產下成批的卵，每批或卵塊有 30-50 粒卵。單一雌蟲每天產下 50-55 粒卵，一生中總共可產下 500-750 粒卵。卵在 28℃下約 4 天可孵化。

幼蟲：幼蟲有 4 齡，其齡期分別為 4-6、4-6、3-7 和 5-8 天。實驗室取食研究中，在龍葵上的幼蟲平均發育時間為 23 天，而馬鈴薯葉片平均僅 17.4 天。兩項研究均在 25ºC 下進行。

蛹：蛹體色較暗，被發現固定在葉片、莖上，最常見的是固定在馬鈴薯植株的基部。蛹期在 25℃下為 13.4 天。

成蟲：成蟲壽命相對較長。在寄主植物上取食一段時間後，即進行交尾和產

卵，成蟲在乾燥的植物堆或土壤裂縫中度冬。

從卵到成蟲羽化的整個生命週期需要 25-45 天，從 3-10 月，該害蟲經過了數代。4 月底或 5 月初，其族群量最大。在炎熱的乾燥季節，害蟲族群數量會下降。

危害狀：一般而言，茄二十八星瓢蟲被限制以茄科植物為食，馬鈴薯是其最偏好的寄主植物之一，其他主要的寄主是茄子和番茄。成蟲和幼蟲在葉片表面、透過刮除主脈間的表層組織來取食，且在牠們之間留下未食用組織的平行帶（parallel bands）。大量取食會損壞葉片，使葉片呈骨架狀或花邊狀。受害葉片變成褐色，乾燥後捲曲，最後掉落。結果，枝條變成黃色並死亡，馬鈴薯塊莖的形成受嚴重阻礙或被完全阻止。當茄二十八星瓢蟲族群很高時，馬鈴薯植株可能會完全去葉，從而導致農作物歉收。

管理：作為表面取食者，幼蟲期和成蟲期均在植物表面上進行，甚至不取食的卵和蛹期也在植物上出現。各種環境因素，例如：雨水、寄生天敵、捕食天敵、昆蟲病原體等，都有助於減少害蟲的數量。有時，此害蟲的成蟲和幼蟲更可能開始取食其他甲蟲產下的卵。成蟲可以取食其他未成熟階段，幼蟲有時以相同種類之蛹的柔軟部分為食。但是，這些自然死亡因素不足以將有害生物族群減少到危害水準以下。

生物防治：產下成批相對較大尺寸的卵容易被寄生。釉小蜂（*Tetrastichus ovulorum*）和 *Chrysonotomyia appannai* 是兩種重要的卵寄生蜂。會攻擊茄二十八星瓢蟲的幼蟲的寄生天敵有 *Pleurotropis foveolatus*、*P. epilachnae*、釉小蜂（*Chrysocharis johnsoni*）、*Solindenia vermai* 和 *Tetrastichus* sp.。印度記錄的寄生率總和為 53.5-77.5%。

幼蟲寄生天敵中，*Pleurotropis foveolatus* 在印度很普遍，釉小蜂則是在一年中有 18 代，但 12-1 月（一年中最冷涼的時間）間族群很少。茄二十八星瓢蟲是馬鈴薯的害蟲，黃麴菌（*Aspergillus flavus*）能感染茄二十八星瓢蟲的所有時期，噴灑在昆蟲上的真菌孢子可在 3 天內殺死牠們。

化學防治：已有大量化學殺蟲劑經測試，發現都可有效地對抗茄二十八星瓢蟲，大部分是有機氯、有機磷和氨基甲酸鹽類農藥，且多為接觸性殺蟲劑。作為表面取食者，幼蟲和成蟲都可以與農作物中使用的有毒物質接觸，但印楝餅對這種害蟲顯示出有效的拒食活性。建議使用政府推薦的殺蟲劑來管理害蟲。

第十七章

豆科作物害蟲

　　大豆（*Glycine max*）和綠豆（*Vigna radiate*）是重要的豆類作物（屬於 Leguminoceae 科作物），主要生長在亞洲和其他一些地區。如同其他農作物一樣，這類農作物也受到病蟲害的經濟破壞。作為同一科植物的成員，農作物受到同一群害蟲的危害。因此，這些農作物的害蟲包括在本章中。所有地上植物部分（莖、葉、豆莢）都受到害蟲的破壞。

一、潛蠅類

在所有昆蟲害蟲中，屬於潛蠅科（Agromyzidae）（雙翅目）的小蠅，通稱為豆潛蠅（圖17-1），最具破壞性者以以下三種在經濟上影響較大：菜豆蛇潛蠅〔*Ophiomyia phaseoli* (Tryon)〕、大豆根潛蠅〔*O. centrosematis* (de Meijere)〕和莖潛蠅〔*Melanagromyza sojae* (Z.)〕。上述三種皆危害重要豆類作物，例如：大豆、綠豆、豇豆和菜豆。它們的重要性在於，在作物發芽後最脆弱，易受害蟲攻擊。若害蟲沒有嚴重破壞到需要重新播種，事實上這些潛蠅科的危害狀和季節發生時間是相似。因此，相同的害蟲管理措施可以消滅所有這些害蟲。

生物學：大多數種類的成蟲具有相似的外形，牠們是微小的黑色蠅，在清晨時分盤旋在植物上，幾乎無法從外觀來識別牠們。最方便、最可靠的識別標準是幼蟲的前、後氣孔和蛹氣孔的形狀和大小。取食大豆的潛葉蠅種類在大豆植物上也具有明顯的產卵和取食部位。菜豆蛇潛蠅的產卵發生在幼葉中，單一雌蟲於2週內產100-300粒卵。卵在2-4天後孵化，幼蟲進入最近的葉脈，再進入葉柄，然後向下進入莖。在植物幼株，牠們以靠近地面的莖為食，但一些幼蟲會穿入主根。幼蟲期10天，蛹期6-7天。

危害狀：潛蠅具毀滅性，因為牠們都喜歡以子葉期，或三片真葉期的早期幼小植物為食。當植物試圖透過發展根系來建立自己時，就會發生損害。

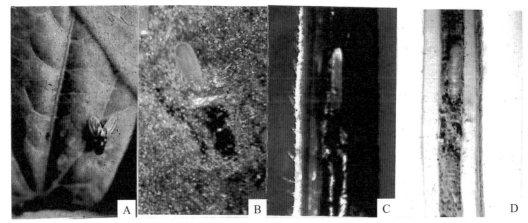

圖17-1. 豆潛蠅。(A) 成蟲；(B) 卵產在葉下表面（在本照片移走卵暴露在葉表面）；(C) 幼蟲鑽入寄主植物莖之髓內；(D) 在莖之髓內化蛹也是幼蟲取食處（AVRDC-World Vegetable Center）。

需要保護剛發芽的大豆，免受潛蠅取食莖的危害，關鍵時期是前 4 週，4 週後潛蠅危害雖仍普遍，但不會降低產量，這些潛蠅只在乾燥季節嚴重，若頻繁的降雨將干擾這些蠅的活動。

管理：由於損害是在生長階段早期出現，而且這種損害有時會殺死寄主植物，因此培育抗豆潛蠅的豆科品種將有很大幫助。但是，目前尚沒有這種豆類作物品種的存在。減少這些破壞性害蟲損害的唯一方法，是用合適的系統性殺蟲劑（可在植物內部移動的殺蟲劑）包覆種子，此種處理原理為將新發芽種子的莖部內部移動，保護植物免受內部幼蟲的攝食。如果發芽後必須使用殺蟲劑，則改以噴灑政府推薦的殺蟲劑。

二、椿象

在亞洲和熱帶亞熱帶地區，危害大豆與綠豆的椿象，主要有南方綠椿象〔*Nezara viridula* (L.)〕（異翅目：椿科）（圖17-2）、豆緣蝽〔*Riptortus clavatus* (T.)〕（半翅目：緣蝽科）、條蜂緣蝽〔*R. linearis* (F.)〕（半翅目：緣蝽科），壁椿〔*Piezodorus hybneri* (G.)〕（半翅目：椿科）。上述昆蟲皆是危害嚴重的害蟲，因為牠們以豆莢內部的綠色種子為食，直接降低產量。其中，南方綠椿象最具破壞性，在地理上分布廣泛，寄主範圍最廣。

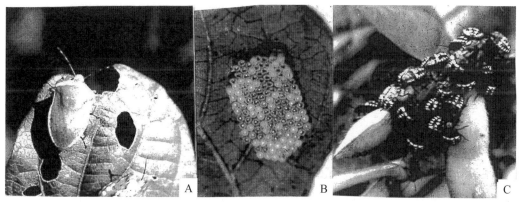

圖 17-2. 綠椿象。(A) 成蟲；(B) 產卵成堆於葉上；(C) 年輕若蟲取食豆科豆莢內發育中的種子（此處顯示的是大豆）（AVRDC-World Vegetable Center）。

生物學：南方綠椿象在羽化成成蟲後 18-25 天開始產卵。卵為卵塊，產卵期長約 1 個月。雌性產下 4-6 個卵塊，而正常卵塊由 40-110 粒卵組成。卵期 4-6 天，取決於溫度，溫度越高、卵期越短。第一齡若蟲為黃橙色，比卵稍大。孵化後不久，體色變黑，緊密地聚集在空卵團上或其附近，並靜止不動。第一齡期 4-5 天，在此期間若蟲覓食。

第二齡若蟲頭上有鮮紅色的「Ｖ」字，胸部大、橙色、腹部和眼睛黑色。儘管牠可以寄主植物的所有部位為食，但牠會稍微離開集群，並以綠色豆莢為食，這個階段是 3-4 天。顏色、斑點和其他特徵在第三齡（3-4 天）中基本保持不變，害蟲大量分散以取食，並定居形成小的取食群體。第四齡齡期 3-4 天，顏色模式明顯不同。第五齡齡期 5-7 天，總若蟲期為 18-28 天。成蟲外型是大型綠色昆蟲，和其他種類的椿象生物學是類似的。

危害狀：儘管所有椿象種類都可以取食葉片和嫩莖，但整體說來，牠們更喜歡以綠色莢果中的種子為食。若蟲和成蟲以刺吸口器刺穿綠色豆莢與豆莢內的種子，注入一種特殊的化學物質，液化種子並吸食種子內含物。當椿象取食正在發育的豆莢，不僅會造成種子不發育，更會發生豆莢掉落的情形。受害種子小且變皺，降低了產量。

管理：由於椿象以卵塊方式產下卵，並暴露在葉子上，因此捕食天敵和寄生天敵在這些卵中有很好的存活機會。據報導，有些寄生天敵以此蟲的卵為食物，但尚未開發出商業用途。由於本類昆蟲具有刺吸式口器，因此很可能培育出對上述椿象有抵抗力的品種，可惜尚無此類品種上市。若小規模耕種，從葉片中收集和破壞卵塊將減少蟲害。如果危害可能變得嚴重時，請即時使用政府推薦的殺蟲劑。在使用化學除蟲劑時，請採取適當的預防措施。

三、豆莢螟

在攻擊大豆與綠豆的豆莢，並以其綠色種子為食的近六種豆莢螟物種中，有兩種是地方性的，如果不採取適當的管理措施，會造成嚴重損害。這些物種是亞

洲上特有的，大豆上的白緣螟蛾（*Etiella zinkenkenella*）（鱗翅目：螟蛾科）和綠豆上的豆莢螟（*Maruca testulalis*）。

（一）大豆上的白緣螟蛾（*Etiella zinkenkenella*）

生物學：白緣螟蛾成蟲在幼嫩豆莢、花萼、葉柄單產或產 2-12 粒一群的白色卵（長 0.6 毫米）（圖 17-3）。單一雌蟲在其一生中會產下 60-200 粒卵。卵期 3-16 天，具體天數取決於溫度。第一齡幼蟲長 1 毫米，具淡黃色的身體和黑色的頭部。幼蟲花約半小時在莢果上移動，然後織一個小網，穿過被網覆蓋的莢果果皮，並開始以發育中的種子為食。幼蟲 5 齡，可能有許多幼蟲進入豆莢，但自相殘殺（幼蟲取食幼蟲），最終牠們減少至 1-2 隻。如果豆莢被打開或被打擾，牠們會猛烈蠕動。在化蛹之前，體色變綠，並帶有深粉紅色的條紋。幼蟲期 20 天，成熟幼蟲發育至體長 15 毫米後，會離開莢果，在土壤表面下 2-4 公分深處的繭中化蛹，蛹期 1-9 週，具體時間視溫度而定，羽化後，成蟲最多可存活 20 天。飛蛾是棕灰色的，狹窄的前翅前緣有白色的條紋。翅展為 24-27 毫米。

危害狀：即使沒有發現幼蟲，也可以辨別出是否受到此蟲的傷害。有幼蟲進入的大豆莢上有褐色斑點；隨著豆莢內幼蟲發育，

圖 17-3. 白緣螟蛾。(A) 成蟲；(B) 卵產在綠色大豆豆莢；(C) 幼蟲在豆莢內取食綠色豆子（右）豆莢表面之成蟲羽化孔（左）（AVRDC-World Vegetable Center）。

糞便的堆積會導致豆莢上有軟爛斑塊。種子被部分或全部吃掉，並有大量的糞便和絲。當幼蟲逃出到土壤中化蛹，肉眼可見明顯的大洞。

　　管理：由於幼蟲和蛹分別藏在豆莢和土壤中，且卵大部分都產在豆莢附近，靠近取食處，因此這昆蟲很難透過常規手段如殺蟲劑等進行處理。培育對這兩種害蟲具有抗性的品種，將在管理方面大有幫助。某些大豆品種顯示出對白緣螟蛾有抗性，但尚無認證的抗性品種上市。到目前為止，同樣未培育出對豆莢螟有抗性的綠豆品種。可依指定劑量使用政府推薦的殺蟲劑，自開花起使用此類化學物質，豆莢開始成熟時停止噴灑。

（二）豆莢螟（*Maruca testulalis*）

　　豆莢螟是一種熱帶昆蟲，攻擊數種食用豆類，牠是亞洲重要的綠豆和豇豆（*Vigna unguiculata*）害蟲。豆莢螟以寄主物種豆莢內發育的種子為食。到目前為止，沒有任何關於取食葉片的紀錄，只是當卵產在葉上，初孵化的幼蟲可能會短暫以葉子為食，然後再移到花朵或豆莢內。無論昆蟲是否達到有害生物程度，其對主要植物部分的破壞都會嚴重影響食用豆類的生產力。

　　生物學：卵大部分產在豆類寄主植物的花蕾和花朵上，可觀察到葉片、葉腋、頂芽和豆莢上有零星的卵。卵圓形至略長，卵長 0.65×0.45 毫米。略帶黃色、半透明，並在薄而細膩的絨毛膜上有網狀雕刻紋。卵在花蕾輪之間以 2-16 粒分批產下。卵大約 2-3 天孵化，根據寄主植物的種類和溫度，昆蟲在 9-14 天的幼蟲期中經歷 5 齡。幼蟲體色呈灰白色，在每個身體節上都有黑點，形成背縱線。成熟的幼蟲長 16 毫米，幼蟲是暴食者，主要以花，和成熟豆莢內的綠色發育中種子為食（圖 17-4）。

　　在 2 週的幼蟲期後，再進行 2 天的前蛹期，在此期間，取食完全停止，幼蟲變成蛹。蛹為綠色或淺黃色。化蛹發生在豆莢中的絲繭裡，或更常見於土壤中。蛹期 6-8 天，化蛹率 68-76%。

　　從蛹羽化的成蟲有淺褐色的前翅，有三個明顯的白色斑點。後翅為珍珠白色，遠端有棕色斑紋，翅展為 16-27 毫米。

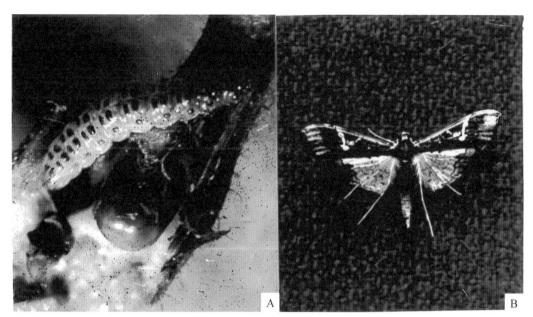

圖 17-4. 豆莢螟。(A) 幼蟲進入且取食綠色豆（此處為綠豆）降低種子產量；(B) 成蟲（AVRDC-World Vegetable Center）。

危害狀：花蕾、花朵和豆莢是受到豆莢螟危害的主要植物部分。年輕的幼蟲通常會攻擊芽和花，而較老熟的幼蟲會蛀入成熟中的豆莢中。如果卵已產在葉片上，從卵孵出的幼蟲也會在葉片上開始取食。通常停有第一或二齡幼蟲的花蕾中，可見到幼蟲在花蕾中咬洞，並隱藏在其中。展開的花朵所有部分均會受到破壞，排泄物在花朵中累積。在大多數情況下，這些花掉下來無法結莢。如果在花序中產下卵，則幼蟲在莢果取食近端部分，以小孔開始。牠若取食發育中的種子，會從甲種子移到乙種子，並隱藏在種子內部，直到準備化蛹為止。

通常將卵產在葉子上，並且葉子靠近莢果附近的情況下，幼蟲會將莢果的一部分和葉片黏在一起，接觸葉片，並在莢果的遠端或莢果的中部蛀洞。在東南亞與非洲，豆莢螟是綠豆和豇豆種植的主要生物限制因子。

管理：由於幼蟲期、破壞期的隱匿習性，很難透過化學農藥或其他慣行方法來處理豆莢螟。殺蟲劑在亞洲已廣泛使用，尤其是用於長豇豆（*Vigna unguiculata* ssp. *esquipedalis*）上，在東南亞，新鮮綠色豆莢作為蔬菜銷售。但是，由於在孵化後不久，幼蟲進入芽、花或豆莢前，昆蟲就暴露在植物表面，殺蟲劑很容易與

害蟲接觸並殺死害蟲。因此化學農藥必須經常使用，但這不是合乎經濟的。在害蟲特別活躍的情況，綠豆和豇豆等田間作物由於後開花期相對較短，因此與菜豆相比，殺蟲劑的使用量要少得多。如果必須使用化學殺蟲劑，請使用政府推薦的化學藥劑。

第十八章

甘蔗害蟲

　　甘蔗（*Saccharum officianale*）是整個熱帶和亞熱帶地區的重要工業作物。蔗糖是許多飲料中的重要成分，通常添加到茶和咖啡中，以減少兩種常見飲料的苦味。近年來，由甘蔗生產的酒精被用作汽車燃料。數種昆蟲會危害甘蔗葉、莖和根，這些害蟲導致產量和糖含量降低，此外牠們還傳播某些甘蔗疾病。

一、蔗螟〔*Scirpophaga nivella* (F.)〕（鱗翅目：螟蛾科）

此昆蟲是亞洲甘蔗最具破壞性的害蟲之一。

生物學：雌成蟲在植物的葉下表面產卵。卵通常每 25-50 粒成一卵塊，卵塊上覆蓋棕色短毛狀物質，非常明顯。卵在 1 週內孵化，剛孵化之幼蟲蛀入葉的中脈，幼蟲通過葉中脈抵達葉片的基部，再由該處前往甘蔗的生長點。幼蟲在該處取食，於 4-5 週內完成所有的 5 個齡期（圖 18-1，並見附錄）。發育完全的幼蟲構建了一個蛹室，在莖的某一節點上方咬出一個逃生孔，以便成蟲逃離到外面，然後牠會在該蛹室內化蛹，約 1 個星期內，成蛾從該孔出來。成蟲壽命 3-5 天。昆蟲在一年內完成 4-5 代，此恰好是甘蔗作物的生長週期。除甘蔗外，蔗螟還會危害高粱、珍珠小米、甘蔗類（*Saccharum munja*）、甜根子草（*S. spontaneum*）和其他一些禾本科植物。

圖 18-1. 蔗螟。(A) 成蟲；(B)(C) 甘蔗莖危害狀。

危害狀：此昆蟲的前兩代，在形成甘蔗之前會先攻擊幼苗，此幼小的植物有時會被蔗螟幼蟲取食而殺死。在後來的世代，幼蟲破壞了甘蔗枝條的末端部分，

導致植物的頂部產生幾個小芽，造成「簇頂」的危害狀。第三代和第四代害蟲取食，會導致甘蔗重量顯著降低、甘蔗汁品質和含糖量降低。

　　管理：成蟲在葉片下表面上產卵，並且卵塊被雌性一簇毛保護層覆蓋。幼蟲是內部取食者，因此可避免遭受諸如降雨、卵寄生和捕食天敵等環境因素的影響。卵寄生蜂不能以這些卵爲食。從葉片收集卵塊，並破壞它，確定會減少害蟲的損害，但必須是合乎經濟的。切掉和破壞含有幼蟲的受損甘蔗頂梢，將減少此害蟲的繁殖和進一步散播。觀察甘蔗的損害，並用鋒利的器具殺死幼蟲，確實有助於減少更多的危害。如有必要，使用註冊於政府相關單位的防治甘蔗害蟲之合適化學殺蟲劑。

二、條螟〔*Chilo infuscatellus* (Snellen)〕（鱗翅目：螟蛾科）

　　此甘蔗害蟲在南亞和東南亞，包括臺灣、菲律賓和印尼出現。

　　生物學：雌蛾在甘蔗葉下表面上，以10-35粒卵塊的形式、產下乳白色的卵，卵4-5天內孵化。幼蟲爬到葉片基部，到達植物莖，並在該處躲藏和取食。牠們在3-4週內發育完全，有5齡。完全成熟的幼蟲在甘蔗莖內構建一個蛹室，但會作一個出口，供新羽化的蛾逃離甘蔗蔗莖，蛹期約1個星期。成蟲壽命短，2-4天，生命週期在5-6週內完成，此昆蟲在一年內有4-5代（圖18-2，見附錄）。

　　危害狀：條螟的危害來自於第二、第三和第四齡幼蟲在甘蔗莖內攝食。被此蟲攻擊的植物產生「死心」枝條——在中心的枝條（shoot）的葉片乾枯（圖18-3）。此導致田間10-20%的枝條損失。如果此蟲沒有得到有效的管理，牠會影響甘蔗20-30%產量，並顯著降低糖回收率（糖含量）。

　　管理：除了卵之外，所有的發育

圖18-3. 條螟危害狀。

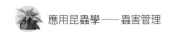

階段——特別是破壞性的幼蟲階段——仍然隱藏在甘蔗內部，因此難以管理和防治、以減少產量損失。沿著甘蔗種植行施用政府推薦的系統性殺蟲劑粒劑，然後覆蓋土壤和灌溉，似乎在某些地區是有效的。殺蟲劑轉移到甘蔗中，內部取食的幼蟲會被殺死。由於昆蟲危害在季節早期出現，但甘蔗作物生長期長，系統性殺蟲劑可能會殺死幼蟲，不過並不會在收穫時於甘蔗中留下很大毒性。

三、大螟〔*Sesamia inferens* (W.)〕（鱗翅目：螟蛾科）

此昆蟲是雜食性的，除了甘蔗之外，還以水稻、小麥、玉米和高粱為食。

生物學：成蟲是體粗壯的稻草色飛蛾，幼蟲體粉紅棕色。此昆蟲從春季（3-4月）到 11 月為繁殖期間。雌成蟲在葉鞘或葉表面上，以 2-3 排並排產下 30-100 粒卵，卵期 1 週。剛孵化的粉紅色幼蟲最初在葉鞘的表皮層內進食，隨後移動到莖幹，並開始蛀入莖內。由於蛀入莖幹，枝幹產生枯掉的中央枝條（shoot），通常被稱為「死心」。當受損的枝條乾掉後，幼蟲轉移到鄰近的枝條上（圖 18-4，見附錄）。取食 3-4 週後，幼蟲在莖或葉腋內化蛹，蛹期 6-8 天，整個生命週期約 6-7 週內完成，此蟲在一個甘蔗季節（10-12 個月）中有 4-5 代。

危害狀：幼蟲在甘蔗莖內取食，導致中央枝條乾燥，在幼株通常被稱為「死心」。在老株則是圓錐花序枯竭。

管理：移走並摧毀水稻或甘蔗作物的前作，此種做法減少了昆蟲從一個季節移到另一個季節的可能。前作是水稻或甘蔗的農田，種植前進行整地或灌水，能有效地殺死殘株內的幼蟲。此螟蟲的卵產在葉尖附近，因此切割幼苗的尖端可以減少害蟲的危害。如果必須使用殺蟲劑，請謹慎使用政府推薦的化學藥劑，且不要一次又一次地使用相同的殺蟲劑，或可輪用兩種或三種農藥。

四、甘蔗根蛀蟲〔*Emmalocera depressella* (S.)〕（鱗翅目：螟蛾科）

這種淡黃褐色的蛾，有白色的後翅，展開約 30-35 毫米長。乳白色、頭黃棕色，成熟幼蟲長 30 毫米。

生物學：單隻雌蛾在莖、葉和土壤上產下 277-355 粒乳白色鱗片狀卵。卵在 1 週內孵化，幼蟲鑽入土壤表面下的莖內，取食穿過莖到達近處的分蘗。幼蟲在 4 週內經歷了 5 齡，完全成熟的幼蟲，會在土壤表面上方的甘蔗中蛀蝕出一個孔洞，並在甘蔗內部化蛹，蛹期 9-14 天，整個生命週期在 6-7 週內完成（圖 18-5，見附錄）。在一年中完成 4 代，第五代幼蟲冬季在土壤中冬眠。除甘蔗外，甘蔗根蛀蟲幼蟲還取食狼尾草（*Pennisetum alopecuroides*）或象草（*P. purpureum*）、紅甘蔗（*Saccharum munja*）和強生草（*Sorghum halepense*）。

危害狀：幼蟲在甘蔗莖的下部進食，受害植物的中央葉片在甘蔗形成之前乾枯，並變成「死心」，這些「死心」不容易被拉出來。4-6 月，甘蔗受到本蟲的危害更為嚴重。成熟的植株——已形成甘蔗的植物——不會被殺死，但在收穫時，它們的重量和含糖量仍可能會受影響減少，且產量會降低約 10%。

管理：因本蟲在生長期間仍留在田間，並化蛹於殘株，因此清園有助於減少其危害。收穫後，應該焚燒殘株，然後深犁土地。在收穫時，將甘蔗切割到土壤地表面以下，使幼蟲暴露進而殺死。由於昆蟲卵塊暴露在葉片表面，釋放卵寄生的蔗螟赤眼卵蜂（*Trichogramma chilonis*）將有助於減少幼蟲族群對甘蔗的危害。

五、蔗莖條螟〔*Chilo sacchariphagus indicus* (K.)〕（鱗翅目：螟蛾科）

蔗莖條螟為灰褐色的蛾，通常在甘蔗生長季節末期發現。此昆蟲存在於亞洲幾個種植甘蔗的國家和非洲南部、東南部國家。

生物學：蛾為淡褐色，後翅白色；幼蟲的白色身體上有黑斑。蔗莖條螟在

莖、葉鞘和葉片中肋上，產 2-60 粒卵的卵塊。單食性、僅以甘蔗為食。卵白色，卵在約 1 週內孵化成幼蟲。卵孵化後不久，第一齡幼蟲就會從甘蔗莖中的節點附近鑽入。幼蟲取食 40-60 天，鑽出甘蔗並在葉鞘中化蛹，蛹期持續 1 週至 10 天。成蟲壽命短，不到 1 週即死亡。從產卵到成蟲死亡的整個生命週期持續 7-10 週，一年有 6 代（圖 18-6，見附錄）。

危害狀：蔗莖條螟幼蟲鑽入甘蔗節點附近，將莖條上的入口孔洞以排泄物堵塞，大多數情況下，幼蟲會進入前五個節間。幼蟲在甘蔗內進行取食會導致甘蔗組織變紅，此種危害雖不影響蔗糖的品質，但會導致產量損失。如果超過 10% 的甘蔗受損，甘蔗汁的品質也會受到影響。

管理：由於幼蟲蛀入甘蔗莖內，可以透過限制蔗莖的移動，防止此害蟲從受害區擴散到其他區域。透過燃燒收穫後留下的殘留株，可以防止其再傳播，燃燒會破壞藏在廢棄甘蔗莖內的幼蟲，減少蟲害。不要實施再生作物；耕種收穫的田地，收集甘蔗殘株（收穫後留下莖和莖的底部部分）並將其摧毀。或在田間釋放卵寄生蜂赤眼蜂（*Trichogramma chilonis*），此寄生蜂可在蟲室內飼養，將其卵黏貼在黏性的厚紙上販賣。由於蔗莖條螟產卵塊，未被任何保護性材料覆蓋，因此從卵中羽化的赤眼蜂成蟲擴散，並將卵產在蔗莖條螟的卵內，害蟲卵內的寄生蟲幼蟲會殺死胚胎，並阻止害蟲的擴散。

六、甘蔗粗腳飛蝨〔*Pyrilla perpusilla* (W.)〕（半翅目：粗腳飛蝨科）

甘蔗粗腳飛蝨（*Pyrilla*）或稱甘蔗葉蟬，遍布亞洲各地的甘蔗田，此蟲非常具有破壞性。

生物學：甘蔗粗腳飛蝨成蟲長 2 公分，身體淺褐色、翅上有黑斑，在口吻有突出的紅色眼睛。成熟的若蟲是淡黃色，長 10-15 毫米，在身體的後端有兩根白色羽毛。

卵成團產在甘蔗葉下表面，雌成蟲以其肛門一叢簇絨的白色蓬鬆材料覆蓋卵塊。移除簇絨，可以看到 35-50 粒卵排成 3-5 排。卵在夏季時，約 1 週至 10 天孵

化，冬季 3-4 週（11-12 月）孵化。孵出的淡褐色若蟲長 1-3 毫米，1 週內，在腹部末端形成兩束長蠟狀材料（圖 18-7），若蟲開始從甘蔗中吸取植物汁液，並在夏季 8 週內和冬季 5-6 個月（Seivastava and Dhaliwal, 2011）經歷 5 齡發育成熟。成蟲壽命夏季 4-13 週，冬季 18-20 週，一年 3-4 代。

圖 18-7. 甘蔗粗腳飛蝨成蟲。

危害狀：甘蔗的損害來自若蟲和成蟲從甘蔗葉片吸食汁液、取食，導致葉片在季節後期變淡黃色或枯萎，還會分泌厚厚的透明液體，如蜂蜜露，滴落在葉片上，黑色黴菌真菌會在上面生長。黑色層減少了光合作用，降低植物生長和甘蔗產量，導致糖的產量降低。此昆蟲還取食小麥、大麥、燕麥、玉米、高粱、蘇丹草和幾內亞草。

管理：蟬寄蛾〔*Epicarnia melanoleuca* (F.)〕（鱗翅目：蟬寄蛾科）是寄生於甘蔗粗腳飛蝨的若蟲。被寄生的若蟲會攜帶牠們的身體肉質，蠟質覆蓋橢圓形幼蟲，被寄生者最終死亡。這種寄生蛾飼養和田間釋放，可減少甘蔗粗腳飛蝨的危害。如果無法採用這種方法，請使用政府推薦的殺蟲劑，不要使用任何化學品混合物，也不要連續使用相同的殺蟲劑。交替使用兩種或多種政府推薦的農藥，這將延遲害蟲對殺蟲劑產生抗藥性的可能。

七、甘蔗粉介殼蟲〔*Saccharicoccus sacchari* (C.)〕（半翅目：粉介殼蟲科）

甘蔗粉介殼蟲有圓形囊狀、分節的身體，覆蓋著白色粉末。雌成蟲身體比雄成蟲大得多，且比雄性壽命更長，對作物造成的損害較大。

生物學：雌性產大量的卵，在產卵後數小時內，卵變軟、孵化成若蟲，若蟲又稱為爬行者（crawlers）。微小的爬行者是透明粉紅色，非常輕、可以被風從甲植株吹到乙植株，甚至吹到鄰田蔓延。爬行者強迫自己爬到基底節點附近的葉鞘

下面，老齡的爬行者通常在甘蔗莖的基部，而較年幼者則向上移動並擴散。若蟲是暴食者，在 2-3 週內完成 6 齡，再成為成蟲。成熟的有翅雌成蟲壽命約 3-5 天，整個生命週期需要 3-4 週（圖 18-8，見附錄）。

危害狀：若蟲和成蟲都吸食植物汁液。粉介殼蟲從甘蔗中吸取大量汁液，牠們產生的粉狀分泌物和蜜露吸引了覆蓋甘蔗的黑色黴菌，這種危害使蔗糖含量降低了近 25%。

管理：此昆蟲很難管理，因為牠很小，且覆蓋著鱗粉。由於昆蟲體上的鱗粉，使用於生物防治的天敵成效不盡理想。如有必要，可噴灑政府推薦的化學殺蟲劑來管理此害蟲。

第十九章

棉花害蟲

　　棉花（*Gossypium hirsutum*）是熱帶到亞熱帶世界的經濟重要作物。棉花用於製造消費者和工業用的布料；棉籽含有油，用於各種消費品和工業中，萃取油後的種子可作為動物飼料。數種昆蟲取食此作物，其取食降低棉纖維之產量。紅鈴蟲〔*Pectinophora gossypiella* (S.)〕、斑點棉鈴蟲〔*Earias insulana* (B.)〕和翠紋鑽瘤蛾〔*Earias vittella* (F.)〕、番茄夜蛾〔*Helicoverpa armigera* (H.)〕、二點小綠葉蟬〔*Amrasca biguttula* (I.)〕、棉蚜〔*Aphis gossypii* (G.)〕和菸草粉蝨〔*Bemisia tabacci* (G.)〕，以上是在亞洲最常見之棉花害蟲，牠們的取食降低了棉花纖維產量。

一、紅鈴蟲（*Pectinophora gossypiella*）（鱗翅目：旋蛾科）

此昆蟲遍布世界種植棉花的地區。成蟲是一種褐色的小型蛾，前翅上有黑色斑點。粉紅色的幼蟲出現於花蕾和棉鈴中。

生物學：雌成蟲在新出現的枝條、花蕾、未展開的棉鈴或幼葉的下表面，產下扁平的白色卵。卵期 5-8 天，白色幼蟲體色開始變為粉紅色並發育。孵化後不久，幼蟲進入花蕾、花朵或幼棉鈴。幼蟲以自己的排泄物塞在入口孔，並繼續在棉鈴和幼嫩的種仁內進食。幼蟲發育完全後從棉鈴中鑽出來，降到地面，在落葉和碎片中進行化蛹。成蛾約 1 週內從蛹中羽化，並重新開始生命週期，一個棉花季通常有 4-5 代。棉花似乎是粉紅鈴蟲的唯一寄主植物（圖 19-1，見附錄）。

危害狀：由於幼蟲隱藏在棉鈴內取食，因此在成熟前會有棉鈴果實（產生棉花的結構）脫落，那些受害棉鈴不會成熟、無法生產棉花。受損棉鈴內的棉纖維難以抽取且會變色，因此棉花產量下降；受損棉鈴內的種子產生的油量產量也下降，棉鈴受損率為 40-50%。

管理：此蟲是單食性，僅以棉花為食。因此，排除其進入棉花植株之可能，是減少紅鈴蟲對棉花作物損害的最可靠方法。此蟲的幼蟲在棉鈴裡面取食，因此，在每次採摘時，摘取完全打開的棉鈴以及因昆蟲受損的棉鈴，將有助於減少害蟲族群。紅鈴蟲幼蟲於土壤中化蛹，在最後一次採摘棉鈴後不久，應深犁土壤，露出紅鈴蟲蛹，讓鳥類取食，將有助於減少日後種植期間的危害。如果必須噴灑殺蟲劑，請使用政府推薦的農藥。

二、斑點棉鈴蟲（*Earias insulana*）和翠紋鑽瘤蛾（*E. vittella*）（鱗翅目：夜蛾科）

此種是亞洲和非洲嚴重的棉花害蟲。成蛾呈黃綠色，前翅長約 2.6 公分。當完全成長時，斑點棉鈴蟲的幼蟲長 2 公分。

生物學：卵單產於嫩葉、苞片、棉花花蕾上，卵期 3-5 天，幼蟲 6 齡，並在 10-15 天內完全發育。幼蟲在寄主植物上化蛹，或是降到地面於枯葉和土壤碎屑中化蛹（圖 19-2，見附錄）。成蛾在夏季 1-2 週出現，亦在較冷的月分 18-24 天出現，平均一代為 18-30 天，在一個棉花生長季內有數代。

危害狀：如果蟲害在季節的早期出現，幼蟲會蛀入嫩芽末端。結果，受損的枝幹乾枯。幼蟲取食綠色棉鈴會導致棉鈴乾燥或腐爛，此種棉鈴產生的棉纖維品質較差。

管理：除了棉花外，斑點棉鈴蟲會以其他常見的錦葵科（Malvaceae）植物為食，如：秋葵、太陽麻、蜀葵等。因此，為了有效管理棉花上的斑點棉鈴蟲，需要除去如秋葵、太陽麻、蜀葵等其他寄主，和棉花種植區周圍的其他相關植物。如果沒有除去時，本蟲將會轉移到棉花上取食並造成嚴重損害。幼蟲在嫩芽內進食，導致這些枝條枯萎，枯萎的枝條應該被切除，並立即銷毀，以防止害蟲的蔓延。如果有必要，請使用當地政府推薦的殺蟲劑。

三、番茄夜蛾（*Helicoverpa armigera*）（鱗翅目：夜蛾科）

此昆蟲是高度多食性的，以大量作物為食，包括番茄、甜椒、各種豆類等。

生物學：雌成蛾在葉片和植物的幼嫩部分上產下單一粒卵（一粒接一粒），單一雌性可在 3-4 天的產卵期內產下 300 粒卵。卵呈圓形白色，但會轉偏黃。卵在夏季 2-4 天孵化，在涼爽季節孵化期稍長。幼蟲以葉片為食，但隨後移至棉鈴，在棉鈴上蛀洞並在內部取食。幼蟲 4 齡，當成熟幼蟲鑽出棉鈴並在土壤中化蛹（圖 19-3，並見附錄）。蛹期在夏季 8-10 天，在冬季更長，一年可能有 8-10 代。

危害狀：所有損害皆來自幼蟲取

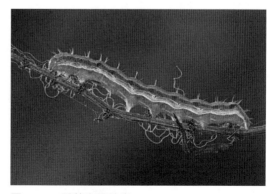

圖 19-3. 番茄夜蛾幼蟲。

食棉鈴，幼蟲在棉鈴內鑽孔，並在裡面暴食。牠的取食隧道充滿深褐色的糞便，有時取食之幼蟲會將牠們的排泄物推到棉鈴外。在打開受損的棉鈴時，可看見整個取食隧道都是黑色的排泄物。受害的棉鈴不會產生棉花，即使僅曾在棉鈴內部取食，也會降低棉花的品質。

　　管理：在過去，農民完全依靠使用化學殺蟲劑來管理這種以大量作物為食的昆蟲。由於經常使用殺蟲劑，棉鈴蟲對殺蟲劑已產生抗藥性。越多農民使用殺蟲劑，就有更多的昆蟲就能抵抗殺蟲劑，導致部分國家的農民停止種植棉花。然而，自 1990 年代末期起，蘇力菌轉基因棉花的引入改善了問題，在種植蘇力菌轉基因棉花的任何地方，此蟲的損害已明顯降低。由於以蘇力菌棉花為食的害蟲幼蟲死亡率非常高，使蘇力菌轉基因棉花生長地區的棉鈴蟲族群數量急劇減少。由於害蟲族群的急劇減少，此雜食性昆蟲在玉米、番茄、樹豆和豌豆等其他作物中的損害，亦皆降至經濟水準以下。

四、二點小綠葉蟬（*Amrasca biguttula*）（半翅目：葉蟬科）

　　此多食性昆蟲是亞洲棉花的破壞性害蟲。旱季時，快速繁殖的本蟲在一個季節內可完成幾代，因此必須採用適當的管理措施來減少害蟲族群。除了棉花外，此葉蟬還可以攻擊秋葵、黃麻、向日葵、馬鈴薯、豇豆等作物。

　　生物學：葉蟬成蟲很小，為長約 3 毫米的綠色昆蟲，在受到干擾的情況下會側移或跳躍。成蟲將卵嵌入棉花葉下表面的葉脈內，雌成蟲通常會產下 15-200 粒卵。卵在 5-10 天內孵化成微小的楔形若蟲，其受到干擾時非常活躍。牠們聚集在葉片下表面，若蟲和成蟲用刺吸式口器，刺入葉片和嫩莖等、以吸食植物汁液（圖 19-4）。若蟲在 10-21 天內經歷 6 個齡期，生長

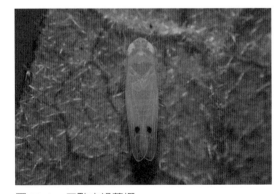

圖 19-4. 二點小綠葉蟬。

速度取決於溫度，溫度越高、生長越快。成蟲有翅，壽命可以長達 7 週。溫度適宜時，二點小綠葉蟬在 1 年內可完成 6 代。

危害狀：若蟲和成蟲都以寄主植物為食，牠們以刺吸式口器刺入葉片並吸入細胞汁液。據報導，葉蟬吸食時會將毒素注入葉片，受害的葉片變灰白，後來轉為鏽紅色、減少光合作用。這些葉片向下捲曲，最後從植物上脫落到土壤，減少植物生長，降低了棉鈴纖維的產量。

管理：過去曾經努力培育對這種昆蟲具有抗性的棉花品種，試圖使用這種多樣性來減少棉花葉蟬造成的傷害。雨季時，因為雨水會將昆蟲從植株上刷落，進而降低了此蟲的族群數量。旱季時，此昆蟲的傷害更嚴重。如果族群數量多，建議噴灑政府推薦的殺蟲劑。切記不要一次又一次地噴灑相同的殺蟲劑；應以 2 種或 3 種農藥輪替噴霧，也不要混合噴灑農藥。

五、棉蚜（*Aphis gossypii*）（半翅目：常蚜科）

此蚜蟲在世界廣泛分布，雜食性。除了棉花，還會攻擊葫蘆科、甘藍、花椰菜、蘿蔔、馬鈴薯、番茄、茄子和其他相關作物。

生物學：此體柔軟的昆蟲是群聚的，通常位於棉花葉下表面。成蟲可能無翅（apterous）或有翅（peterous）。不產卵，而是直接產下若蟲（胎生繁殖）。1 天內，蚜蟲可以生出 8-20 隻若蟲，若蟲在 8-11 天內蛻皮 4 次，變成成蟲（圖 19-5）。

圖 19-5. 棉蚜。

危害狀：成蟲和若蟲都是造成棉花受損的原因。牠們將喙（口器部分）插入葉片組織，吸食植物汁液。嚴重危害的情況下，受損的葉片邊緣向上捲曲，減少光合作用，植物生長受阻。如果在早期生長階段發生危害，一些植物甚至可能死亡。蚜蟲產生的含糖液體遍布葉片和其他植物部分，這樣的液體助長黑

色黴菌生長，此層黑色煙灰黴菌降低光合作用，並削弱了寄主植物。在涼爽乾燥的季節，蚜蟲迅速繁殖，特別是那些以幼嫩多汁葉為食的蚜蟲。棉蚜是多食性，除棉花外，還取食茄子、秋葵、番石榴等相關植物。

　　管理：如果有棉花抗蚜蟲品種，種植抗蟲品種應該是對抗這種害蟲的首選。諸如瓢蟲科（Coccinellidae）之類的捕食天敵，皆以蚜蟲為食，瓢蟲有助於減少蚜蟲數量。如果必須噴灑化學殺蟲劑，請噴灑政府推薦的農藥，確保這些化學物質對消滅蚜蟲有功效，但對捕食性甲蟲的毒性較小。

六、菸草粉蝨（*Bemisia tabacci*）（半翅目：粉蝨科）

　　此種高度多食性的昆蟲遍及世界各地，但在熱帶到亞熱帶地區更為嚴重，因為氣候適宜，全年都可以種植作物（圖 19-6）。

圖 19-6.　菸草粉蝨。(A) 辣椒上之危害狀；(B) 卵、若蟲與成蟲。

　　生物學：雌成蟲將卵單產（一粒接一粒）遍布在棉花葉下表面，一隻雌性粉蝨一生中可產下 120 粒卵。夏季時，卵 3-5 天孵化；冬天則需要多幾天孵化。在 1 週內，粉蝨若蟲變成蛹，4-5 天後，白色成蟲羽化。單一生命週期（從卵到成蟲）短至 2 週；亦可以延長至 4 個月，取決於溫度。

　　危害狀：成蟲和若蟲都以寄主植物的葉片為食，無論是棉花還是其他作物。

牠們以刺吸式口器吸食植物汁液，像蚜蟲一樣，粉蝨產生的蜜露沉降在寄主植物上。蜜露支持覆蓋植物表面的黑色黴菌生長，會降低光合作用，導致植物生長受阻，產量減少。除了棉花之外，粉蝨還在作物間傳播幾種病毒病。

管理：此昆蟲很難管理。身體微小，除了攝食損害外，還傳播病毒病。目前已可透過在棉田中架設黃色黏板，來監測該區域中粉蝨的發生。粉蝨和其他昆蟲被黃色吸引到黏板表面並遭捕獲。記錄誘捕到的昆蟲數量，根據昆蟲數量決定噴灑的殺蟲劑量，勿連續噴灑相同的殺蟲劑，需交替使用，也可種植具植物病毒抗性的棉花品種，以減少損害。

其他在當地具有重要性的昆蟲，亦偶爾會對棉花造成損害，其中包括棉葉捲蛾〔*Sylepta derogate* (F.)〕、棉擬尺蠖〔*Tarache notabilis* (W.)〕、小造橋夜蛾〔*Anomis flava* (F.)〕、棉花長椿〔*Oxycarenus hyaline* (Costa)〕和紅椿〔*Dysdercus koenigi* (F.)〕等。

第二十章

果樹害蟲

　　有數種果樹類在臺灣大量商業化種植，根據種植面積和產量，其中柑橘屬，特別是柳橙（*Citrus sinensis*）、香蕉（*Musa savendish*）及芒果（*Mangifera indica*）對臺灣是相對更重要。除香蕉外，上述果樹作物的栽培爲多年生作物。本章中，我們將研究對這些果樹作物造成重大損害的主要節肢動物害蟲，和減少各種害蟲的管理措施。

一、柑橘屬植物

東方果實蠅〔*Bactrocera dorsalis* (H.)〕；亞洲柑橘木蝨〔*Diaphorina citri* (Kuwayama)〕；介殼蟲類包括吹綿介殼蟲〔*Icerya purchasi* (Maskell)〕、綠介殼蟲或綠咖啡介殼蟲〔*Coccus viridis* (G.)〕、半球硬介殼蟲或咖啡硬介殼蟲〔*Saissetia coffeae* (W.)〕；粉介殼蟲包括球粉介殼蟲〔*Nipaecoccus filmentosus* (C.)〕和橘粉介殼蟲〔*Planococcus citri* (R.)〕；蚜蟲包括橘捲葉蚜〔*Aphis citricola* (van der Goot)〕和大橘蚜〔*Toxoptera citricida* (K.)〕；蟎類包括柑橘葉蟎〔*Toxoptera citricida* (K.)〕和柑橘銹蟎〔*Phyllocopytuta oleivora* (A.)〕；椿象包括角肩椿象〔*Rhynchocoris humeralis* (T.)〕和綠椿象〔*Nezara viridula* (L.)〕；柑橘刺粉蝨〔*Aleurocanthus spiniferus* (Q.)〕；柑橘潛葉蛾〔*Phyllocnistis citrella* (Stainton)〕；白斑星天牛〔*Anoplophora chinensis* (F.)〕；小黃薊馬〔*Scirtothrips dorsalis* (Hood)〕；以上這些是對臺灣柑橘屬果樹最具破壞性的害蟲，尤其是柑橘。東方果實蠅是目前為止世界各地最具破壞性的柑橘害蟲，也是一種檢疫性害蟲，法律上不允許進入，成為禁止進口新鮮果實的國際貿易障礙。農民一直使用化學殺蟲劑防治此蟲，而柑橘木蝨危害程度小一些。但殺蟲劑的使用，似乎引起如粉介殼蟲、硬介殼蟲和蟎蜱等次要害蟲發生，損害不減反增。此種現象在全球其他作物也是常見的。首先，本章將研究上述兩種主要的柑橘特定害蟲，再討論次要害蟲。

（一）東方果實蠅（*Bactrocera dorsalis*）

為雜食性昆蟲（圖20-1），除柑橘外，也取食芒果、番石榴、人蔘果（*Achras zapota*）、印度棗、梨、桃、杏、櫻桃，以及其他近兩百五十種類似的會結果實之樹木與灌木。此昆蟲分布在所有南亞和東南亞國家、澳洲、夏威夷群島。

生物學：成蟲從土壤中的蛹羽化出來，在柑橘葉片周圍徘徊，尋找植物分泌物食用。牠們在 1 星期內的黃昏時間交尾，交尾後幾天，雌蟲開始在果皮下產卵，卵一批 1-4 粒。一隻雌蟲通常產下約 50 粒卵，若在有利的情況下，產卵數可

圖 20-1. 東方果實蠅。(A) 成蟲；(B) 在番石榴產卵孔。

增加一倍。卵於 2-10 天孵化，速度取決於溫度。幼蟲於 6-29 天內度過 3 齡；幼蟲期在冬季較長，夏季較短。

　　成熟的幼蟲掉落土壤準備化蛹，通常發生在土壤表面下 8-12 公分。蛹期 1-6 週，生命週期在 2-13 週內完成，成蟲大約可活 4 個月。

　　危害狀：危害由幼蟲和成蟲兩者所造成，雖然成蟲取食成熟果實和蜜露的分泌物是無害的，但由於其將產卵器刺穿果皮，產卵於果實內的習性，造成經濟損失。此方式造成的傷口將吸引微生物在受損部位繁殖，發展出軟化的變色斑點，嚴重影響水果的市場價值。幼蟲暴食所破壞的果肉，有時產生難聞的氣味，許多受害果會掉落在地上。

　　管理：幾種清園、物理或機械方法，有助於降低果蠅危害，或提早採收成熟果實，亦可有相同成果。迅速收集並銷毀落果，可減少害蟲族群日後對已結果的果實進一步損害。淡季（冬季）可在樹幹的周圍整地，暴露和殺死果蠅的蛹。成蟲會受兩種化學物質——甲基丁香油（methyl eugenol）與克蠅（cure lure）所誘引。可設置此兩種化學物質作為誘餌，用誘蟲器吸引果蠅的成蟲，若同時加入合適的殺蟲劑，便能成功誘殺昆蟲。用紙袋包裝果實是臺灣的普遍做法，此措施目的為不讓果蠅成蟲接近果實產卵，並保護果實免受蟲害。如必要，也可採用政府所推薦的殺蟲劑噴灑柑橘園。

（二）柑橘木蝨（*Diaphorina citri*）

柑橘木蝨（圖 20-2）是全亞洲柑橘及其他芸香科的害蟲。幼嫩和新近嫁接的植株，特別容易受本蟲危害。

圖 20-2. 柑橘木蝨。(A) 成蟲；(B) 危害狀。

生物學：從暖春開始，在未展開的嫩葉或葉腋內產卵。卵呈杏仁狀，以卵柄嵌入植物組織內。單產或 2-3 粒、成群排成一直線，產在同一地點，每個地點可產約 50 粒。據報告顯示，每一隻雌蟲在 2 個月的壽命內，可產高達 800 粒卵。若蟲在 4-5 天內孵化，淺黃色的若蟲 4-5 齡，約 10-20 天，羽化後 4-8 天開始交尾並產卵。視溫度而定，20-40 天內完成一代。

危害狀：成蟲和若蟲都會造成損害。利用刺吸式口器，此昆蟲從葉芽、嫩枝和新葉吸食植物汁液，造成葉片扭曲和捲曲。據文獻指出，昆蟲注入有毒化學物是造成扭曲的原因。嚴重受損的葉片最終會掉落，有時也會出現枝條無葉。若蟲分泌類似蠟質蜜露狀物滴遍葉片，導致黑色煤煙病菌生長並覆蓋蜜露，不利於葉片行光合作用。此昆蟲也是柑橘黃龍病的媒介昆蟲。

管理：亮腹釉小蜂〔*Tetrasticus radiates* (Waterston)〕會寄生柑橘木蝨若蟲；捕食天敵如瓢蟲（*Chilomenes*）和草蛉（*Chrysoperlas*），在降低此害蟲族群是很重要的。亦可例行噴灑殺蟲劑用於防治此昆蟲，請謹慎使用政府推薦的農藥。

（三）粉介殼蟲和盾介殼蟲

　　粉介殼蟲和介殼蟲屬於昆蟲半翅目下的「介殼蟲總科」。介殼蟲總科包含盾介殼蟲科（Diaspididae）和粉介殼蟲科（Pseudococcidae）。俗稱之介殼蟲（scale insects）是屬於盾介殼蟲科，而粉介殼蟲（Mealy bugs）屬於粉介殼蟲科。盾介殼蟲大部分時間都是固定不動的，至少在成蟲階段，牠們有硬質蠟狀物質組成的保護蓋，使這些昆蟲很難防治。粉介殼蟲則覆蓋著白色粉狀的蠟質分泌物，兩類昆蟲皆吸食植物汁液、削弱寄主植物。粉介殼蟲有時也稱為綿蚜。

　　如上列，有數種粉介殼蟲和盾介殼蟲會攻擊柑橘及其他經濟重要作物。雖然每個昆蟲群下有好幾個物種，但牠們對柑橘的危害並無不同。因此，所有粉介殼蟲物種將在「粉介殼蟲」項下討論，而盾介殼蟲將在「盾介殼蟲」項下討論。

1.柑橘粉介殼蟲（*Planoccus citri*）

　　是雜食性昆蟲，遍布南亞、東南亞及美國。牠們是柑橘和其他作物的害蟲，在臺灣也如此（圖 20-3）。

　　生物學：雌粉介殼蟲產卵塊於寄主植物上，每個卵塊覆蓋棉絮狀纖維分泌物，單一卵塊有時可能有 300 粒卵，卵期 10-20 天。初孵化之若蟲爬出，並散布在枝葉，但最終成群定居在葉背，開始攝食。身體上形成白色

圖 20-3.　柑橘粉介殼蟲。

棉絮狀蠟質層。雄若蟲在孵化後於 2-3 週內形成繭準備化蛹，有翅雄成蟲從蛹鑽出，化蛹前，雌若蟲繼續取食生長 6-8 週。粉介殼蟲繁殖迅速，常會世代重疊；因而在被害之柑橘植株上都會發現所有齡期。

　　危害狀：損害由若蟲與雌成蟲所造成，牠們具有刺吸式口器，並用其刺入植株吸食細胞汁液，使植株變灰色最終枯萎死亡。粉介殼蟲如蚜蟲一樣會分泌蜜露遍布植株，黑煤菌長滿在分泌物上，從而減少光合作用，最終降低植物活力，蜜露會吸引螞蟻前來。嚴重的情況下，更可能導致柑橘花不結果實。

2. 介殼蟲類

有三種介殼蟲，如埃及吹綿介殼蟲（*Icerya purchasi*）（圖 20-4）、綠介殼蟲（*Coccus viridis*）和咖啡硬介殼蟲（*Saissetia coffeae*），第一種在亞洲分布較普遍，亦為世界最大柑橘生產國美國的問題害蟲。關於其生物學、危害狀、和經濟上的重要性等基本資訊，可從公開的文獻中取得。

圖 20-4. 吹綿介殼蟲成蟲。

埃及吹綿介殼蟲原產自澳洲，主要以豆科金合歡屬植物（*Acacia* spp.）為食。其重要寄主除了柑橘外，還有石榴、番石榴、無花果、葡萄、蘋果、杏仁、核桃、桃與杏。此害蟲最顯著的特徵是雌蟲分泌大而白的卵囊。

生物學：介殼蟲行孤雌生殖，故雄蟲非常罕見。雌蟲在白色卵囊內可產下多達 700 粒卵。若蟲是紅褐色，夏季時，於 24 小時內從卵囊孵化。但涼爽的季節，卵需要花費更長時間孵化。若蟲分散，並固定在樹枝或樹葉取食，若蟲變為雌成蟲前，經過 3 齡，生命週期於 45-240 天內完成，視溫度而定。

危害狀：此昆蟲全年危害柑橘樹。在炎熱乾燥的時期能快速繁殖，從而加劇危害的程度。雌成蟲和若蟲用刺吸式口器穿透並吸取植物汁液，大量昆蟲取食的結果，造成葉片及嫩枝變成灰色、葉片掉落。嚴重被害的枝條，特別是在苗圃內，因介殼蟲危害致死。

管理：粉介殼蟲和盾介殼蟲都覆蓋有保護層。因此，用殺蟲劑來防治這些昆蟲效果有限。在同次施藥中，連帶會殺死其天敵，加劇害蟲問題。由於盾介殼蟲和粉介殼蟲固著不動的生活特性，牠們是引進外來寄生天敵防治的理想候選者，目前最成功的計畫為防治在非洲的樹薯粉介殼蟲。

3. 柑橘刺粉蝨（*Aleurocanthus spiniferus*）

三種粉蝨為柑橘刺粉蝨（*Aleurocanthus spiniferus*）、*A. husani* Corbitt 和橘黃粉蝨〔*Dialeurodes citrifolii* (Morgan)〕，均是亞洲柑橘的害蟲。第一種在臺灣發

現，其生物學和危害狀描述如下。

生物學：粉蝨經歷卵、若蟲和成蟲三個主要時期。有些昆蟲學家將此時期分成爬行若蟲（第一齡若蟲），第二和第三齡期爲固著若蟲期，第四齡爲蛹和成蟲。

卵黃色、有柄、微小、彎曲，呈多邊形。卵柄短，卵直立產在葉片。若蟲爲卵形或橢圓形，棕黑色，身體被一層淺蠟所包圍。第二齡若蟲稍大，且有鋸齒狀邊緣（邊緣有小圓齒），第二和三齡若蟲，腹部分節更明顯。背側具有單排強大的刺；胸部六個和腹部八個。第四齡若蟲是黑色的，有深色背刺，邊緣蠟管產生短而緊密的棉絮狀。成蟲略呈藍色。

每年的生活史和世代受到溫度的影響，溫暖的氣候及相對高的溼度，是提供生長和發育的理想條件，在臺灣每年約 4-6 代。

危害狀：成蟲和若蟲利用刺吸式口器取食，造成損害。粉蝨從柑橘葉片吸取細胞液，嚴重感染的葉片捲曲並掉落。粉蝨產生蜜露布滿葉片，蜜露上長滿黑色煤煙菌，並完全覆蓋樹葉、樹枝和果實，此影響光合作用且不利植物生長（圖20-5）。

圖 20-5. 柑橘刺粉蝨。(A) 若蟲；(B) 危害狀。

管理：對粉蝨而言，化學防治效果有限，寄生蜂如粉蝨黃小蜂〔*Prospaltella smithi* (Silv.)〕和 *Cryptognatha* sp. 在日本已證實有效。另一寄生蜂 *Amitus hesperdium* 活動於關島，顯示具有引進作爲生物防治之潛力。

二、芒果

芒果（*Mangifera indica*）是熱帶果樹，全臺灣都有種植。果肉味道甜美，可加工做果汁。在 1 月開花，4 月初果實成熟準備上市。

數種害蟲取食此種果樹，主要以葉片和果實爲食。其中有兩種檬果葉蟬爲褐葉蟬〔*Idioscopus niveosparsus* (L.)〕和綠葉蟬〔*Idioscopus clypealis* (L.)〕；東方果實蠅〔*Bactrocera dorsalis* (Hendel)〕；檬果螟蛾〔*Chlumetia transversa* (Walker)〕；檬果木蝨〔*Microceropsylla nigra* (C.)〕；橘紅腎圓盾介殼蟲〔*Aonidiella aurantii* (M.)〕；薊馬包括小黃薊馬〔*Scirtothrips dorsalis* (Hood)〕、腹鉤薊馬〔*Rhipiphorrothrips cruentatus* (Hood)〕、花薊馬〔*Thrips hawaiiensis* (Morgan)〕和檬果葉蟎〔*Oligonychus mangiferus* (Rhaman and Sapra)〕。部分害蟲如薊馬和蟎，是因過量使用殺蟲劑對抗如芒果葉蟬等害蟲所引發的。

（一）檬果葉蟬

檬果褐葉蟬（*Idioscopus niveosparus*）、綠葉蟬（*I. clypealis*）（圖 20-6）和檬果長突葉蟬（*I. atkinsoni*）是亞洲分布最廣泛的三種葉蟬，檬果褐葉蟬出現在臺灣。前兩種可能是同物異名。檬果褐葉蟬顯然是臺灣最具破壞性的芒果害蟲，牠似乎只取食芒果樹，且全年在芒果樹上，可發現不同族群數量。

圖 20-6. 綠葉蟬。(A) 成蟲；(B) 危害狀。

生物學：此昆蟲全年可在芒果樹上發現。在冬季（12-2 月）只有成蟲出現。從 1 月下旬開花起，成蟲開始在花序產卵，單粒卵插入植物部位，一隻雌蟲可產卵多達 200 粒，卵於 4-7 天內孵化。到 2 月下旬至 3 月可看到大量若蟲取食花序和產生蜜露。隨著黑色煤煙菌的生長，受感染的芒果樹看起來如煙燻黑，直到芒果成熟。

著果時，大部分若蟲會移往嫩葉和莖，並於 8-13 天內蛻皮三次，成為有翅成蟲。從產卵到成蟲羽化，需要 15-19 天。

危害狀：損害是由若蟲和成蟲所導致，牠們從花序和嫩梢吸取細胞汁液。當芒果樹開花時，產卵於花序內最具有破壞性，此種取食習性導致花序枯萎，即使芒果花已授粉、並開始結果的情況下也會出現。在此情況下，妨礙果實進一步的發育。昆蟲分泌蜜露，布滿花序和葉片。黑煤煙菌長滿蜜露上，從而降低光合作用。多風的日子，幼果及受損的花序脫落掉落地面，幼樹發育受阻而老樹則減少著果。

管理：芒果葉蟬少有天敵，定期施用殺蟲劑以防治本蟲，在臺灣推薦使用仍然有效的幾種殺蟲劑用來防治此害蟲（請參考植物保護手冊）。

（二）東方果實蠅（*Bactrocera dorsalis*）

東方果實蠅在芒果的危害狀、生物學及管理與柑橘類似。請閱讀本章中柑橘的資訊。

（三）檬果螟蛾（*Chlumetia transversa*）

此昆蟲是南亞、東南亞，包括臺灣在內的芒果害蟲。是新嫁接樹的嚴重害蟲，損害是由幼蟲引起的。

生物學：卵單產於嫩葉、芽或花上，剛孵出的橘色幼蟲最初鑽入嫩葉中脈內，幾天後再爬出，開始鑽入靠近生長點的嫩芽和向下穿隧道，將排泄物從入口排出，幼蟲在 10-12 天內成熟。背面是粉紅色而腹面呈淺黃色，完全成熟的幼蟲

在進入樹皮裂縫或裂紋中或是土壤縫隙中化蛹，2 星期後，成蟲羽化。

危害狀：此昆蟲對花及芽造成嚴重的損害，幼蟲鑽入葉片中脈、芽末梢及花穗內。鑽入芽末梢，導致頂部枯萎且通常整個樹枝到頂部死亡，受損的花穗枯萎並花掉落（圖 20-7）。

圖 20-7. 檬果螟蛾。(A) 幼蟲危害；(B) 危害新梢狀（溫宏治提供）。

管理：修剪和迅速破壞受損的芽能減少害蟲的進一步繁殖機會。整地叩曝晒導致棲息土壤的蛹死亡，若有必要依建議的殺蟲劑噴灑受害果樹。在臺灣通常推薦使用芬殺松乳劑、加保利、芬化利、撲滅松來防治此昆蟲（植物保護手冊，2010）。

三、香蕉

臺灣香蕉主要種植在南部的屏東縣、高雄市和中部南投縣的高山地區。兩地的採收時間不同，故臺灣全年有香蕉。在臺灣，香蕉主要害蟲是香蕉假莖象鼻蟲〔*Odoiporus longicollis* (Oliver)〕、香蕉球莖象鼻蟲〔*Cosmopolites sordidus* (Germar)〕、花薊馬〔*Thrips hawaiiensis* (Morgan)〕、蕉蚜〔*Pentalonia nigronervosa* (Conquerel)〕、鳳梨粉介殼蟲〔*Dysmicoccus brevipes* (Cockrell)〕和香蕉軍配蟲〔*Stephanitis typica* (Distant)〕。

（一）香蕉假莖象鼻蟲（*Odoiporus longicollis*）

此爲包括臺灣在內之東南亞地區具代表性的香蕉害蟲。牠是一種單食性昆蟲，只生存在香蕉植株，植株因幼蟲和成蟲取食而造成損害。

生物學：自蛹羽化後，產卵前期 15-30 天內，成蟲經常交尾，交尾可能發生在白天或夜間。在 6-7 月間，雌成蟲在葉鞘造腔室內產卵，通常每一腔室產下 1 粒卵。剛產出的卵呈淡黃色、圓柱形、末端圓形，長 2-3 毫米，寬 0.9-1.1 毫米。卵期 3-8 天，天數取決於溫度，溫度越高卵期越短。

完全成熟的幼蟲是無足（apodous）、體軟、肉質，呈圓柱形，頭爲黑褐色，具強硬骨化的大顎。牠們在香蕉假莖的隧道內暴食。幼蟲在 25-70 天內經過 5 齡，所需天數取決於溫度（圖 20-8，見附錄）。

幼蟲在香蕉假莖取食隧道的纖維繭中化蛹。繭是暗褐色、細長呈圓柱形，並沿著葉鞘的長軸形成。繭長 21-34 毫米，寬 9-12 毫米。淺黃色蛹包在繭內，蛹期包括羽化前的靜止期爲 20-44 天，天數取決於溫度。

成蟲粗壯，呈赤褐色到黑色，體長 17.5-10.0 毫米，寬約 6.15 毫米，壽命 90-120 天。

危害狀：雌成蟲將產卵器插入葉鞘的表皮層產卵於組織內，葉片的傷害導致汁液從葉鞘和莖內針狀孔滲出，幼蟲隱藏在假莖內取食。後期階段，假莖變灰白、變短，葉片變黃、容易彎曲，使受損植株無法達到預期的大小。剖開受害植株的假莖，在葉鞘和核心區域，顯示出象鼻蟲幼蟲取食所造成的大量隧道，昆蟲生活全期（卵、幼蟲、蛹、成蟲）幾乎都出現在假莖周圍區域。幼蟲取食隧道可高達果梗，往下可到達根圈，以第四、五齡幼蟲造成的傷害最大。最終，將伴隨風吹或成熟果實的重量，使得中空的假莖折斷而倒下。

管理：因爲此蟲是單食性，施行耕作防治措施，可排除本蟲進入牠的唯一寄主植物——香蕉，對於減少香蕉作物損失有很好的效果。田間衛生，如移除枯葉、使用無象鼻蟲吸芽（種植材料）並迅速銷毀已危害之植株，皆可防止此蟲擴散。收割後遺留現場的香蕉樹樁（植物基部）應銷毀，避免成爲象鼻蟲生育的避難所。種植前，將種植材料浸泡在合適的殺蟲劑乳劑、在已危害象鼻蟲的假莖內

注射合適的殺蟲劑，亦可防治此種害蟲，但建議僅使用政府推薦的殺蟲劑。

（二）香蕉球莖象鼻蟲（*Cosmopolites sordidus*）

此蟲原產於東南亞，現今已遍布亞洲、太平洋地區、澳洲、非洲、中美洲和南美洲。是一種單食性昆蟲，僅取食香蕉和芭蕉屬（*Musa*）相關品種。

生物學：雌成蟲在靠近地面的假莖內蛀出小孔，並將橢圓形白色的卵產於每一個孔內。雌蟲一生中的數個月內可產下 10-50 粒卵。

幼蟲於 5-8 天後從卵孵出。幼蟲白色無足，並鑽入球莖（也稱為地下莖）鑽隧道取食。幼蟲期 2-3 週，在幼蟲取食的同一條隧道內化蛹，蛹白色，長約 12 毫米，蛹期 5-8 天。

剛羽化的象鼻蟲棕色，在數天後變成黑色。仍然停留在植株基部周圍，取食乾燥和腐爛的殘株部位。夜行性，不會飛行，可存活數月至 2 年（圖 20-9，並見附錄）。

危害狀：損害是由幼蟲在地下莖和假莖內鑽成不規則隧道所造成。在幼苗期，因幼蟲取食地下莖的生長點而造成植株死亡。老株的細莖，因幼蟲取食也會造成亡。

圖 20-9. 香蕉球莖象鼻蟲。

管理：基於對香蕉果樹的寄主專一性，耕作防治方法可減少象鼻成蟲進入香蕉植株，是對抗此害蟲的最有效的方法。此方法包括使用乾淨（未受象鼻蟲危害）吸芽種植新作物。老地下莖和假莖應切碎和壓實以殺死可能出現上述部位的象鼻蟲，在假莖基部的周圍施用推薦的殺蟲劑並切除地下莖表面，以土覆蓋有助於象鼻蟲的防治。

（三）夏威夷花薊馬（*Thrips hawaiiensis*）

　　此雜食性的花薊馬有廣泛的寄主，牠危害大量的經濟作物，包括蔬菜、果樹和觀賞植物，對生長中的香蕉植株造成損失。

　　生物學：此蟲的生物學與其他數種雜食性薊馬十分類似，卵產在發育中果實和假莖組織內，卵於 1-2 週內孵化。若蟲 2 齡，於產卵地點附近開始進食，接著為不取食的前蛹期和蛹期。化蛹發生在寄主植物靠近土壤表面處，整個生活史 3-4 週，取決於溫度。

　　危害狀：以銼吸式口器刮傷靠近果實基部的生長中果實的外表皮，刮傷區變深褐色，影響水果上市品質。昆蟲也在綠色果上產卵，產卵傷痕（針狀孔）果實發育時會消失。

　　管理：清園如移除田間現場丟棄及腐爛的植物材料，有助於薊馬蛹曝晒乾燥最終死亡，以減少害蟲數量。在香蕉串上套上浸泡殺蟲劑的套袋，已成功地應用在南美的一些地區。在臺灣已推薦使用數種殺蟲劑對付此昆蟲，請閱讀由農業部最近公布的植物保護手冊。

第二十一章

蘋果害蟲

　　蘋果〔*Malus domestica* (Borkh)〕是中國重要的水果作物，於中國溫帶地區種植。作爲一種多年生作物，大量的空氣傳播昆蟲和其他較小的節肢動物物種已經降落在樹上，那些以植物爲食的存活者就變成了害蟲。以下是中國和其他地方以蘋果爲食的主要害蟲種類。

中國之重要蘋果害蟲如下：

(1) 蘋果綿蚜〔Woolly aphid, *Eriosoma langirum* (Mats)〕（半翅目：常蚜科）

(2) 蘋果蠹蛾〔Codling moth, *Cydia pomonella* (L.)〕（鱗翅目：捲葉蛾科）

(3) 金紋細蛾〔*Lithocollectis ringoniella* (Mats)〕（鱗翅目：細蛾科）

(4) 二點葉蟎〔Two-spotted mite, *Tetranychus urticae* (Koch)〕（蛛形綱：葉蟎科）

(5) 赤葉蟎〔Carmine spider mite, *Tetranychus cinnabarinus* (Boisduval)〕（蛛形綱：葉蟎科）

(6) 梨綠蚜〔Green apple aphids, *Aphis pomi* (De Geer)〕（半翅目：常蚜科）

一、蘋果綿蚜（*Eriosoma lanigerum*）

此起源於北美的蚜蟲於 1842 年首次被發現，現已成爲幾乎遍及全球蘋果種植地的蘋果危害性害蟲（圖 21-1）。它原先主要的寄主是美洲榆樹〔*Ulmus americium* (L.)〕，蚜蟲在此越冬。

圖 21-1. 蘋果綿蚜。(A) 成蟲；(B) 危害枝幹。

生物學

卵期：如同大多數蚜蟲物種一樣，蘋果蚜是胎生物種，是否有卵期並不清楚。

若蟲期：出生後不久的若蟲缺乏絨毛狀外表，此階段通常被稱爲「爬行者」

（crawler）。漸漸地，當蚜蟲開始定著取食時，蠟質層開始在其身體上形成。若蟲期 4 齡。複眼是深棕色到黑色。沒有單眼。腹管呈圓形，略高於腹部表面（Beers et al., 2010）。

成蟲：蘋果綿蚜成蟲呈紅棕色至紫色。然而，體色隱藏在蚜蟲腹部分泌的白色棉狀物質之下。此一特徵使此種蚜蟲很容易與蘋果上發現的其他蚜蟲種類區分。

本蚜蟲通常在蘋果樹的根部以若蟲的形式越冬（在寒冷的冬季存活），牠也可以作為若蟲在樹幹或受保護區的主要樹枝上越冬。然而，在嚴冬期間，樹上地面部分的蚜蟲群落可能會被殺死。

隨著春季氣溫回升，越冬的蚜蟲會產下活的若蟲，牠們會在寄主樹上進行上下移動。如果地上部的蚜蟲群落無法在寒冷的冬季天氣中存活時，樹根上的若蟲會向上移動以提供蚜蟲危害的來源。在夏季，蚜蟲若蟲以末端枝條的葉腋為食。當蚜蟲族群高時，末端枝條上的大多數葉片在基部（葉柄）會出現棉絮狀的物質。有翅的成蚜在秋季月分遷回越冬寄主植物榆樹。

危害狀：蘋果綿蚜取食的地方，在植物組織上形成蟲癭或腫脹擴大，而蚜蟲群落以根或樹枝為食。在地下的蚜蟲群落造成的損害最大。被危害的樹木的根部會出現大的異常腫大。持續的蚜蟲取食會殺死根部並導致年幼蘋果樹的生長減少甚至年輕植株的死亡。綿蚜產生的蜜露會滴到蘋果果實上，導致煤煙病菌（一種真菌）生長，降低蘋果果實的品質和市場價值。這些蚜蟲還可以危害枝幹或是蘋果果實的花萼端，從而影響品質與市場價值。

管理：當溫暖的氣候蘋果果實產生時，蘋果綿蚜會危害蘋果果實的枝條，對作物造成直接危害。在冬季，這些蚜蟲移動到蘋果樹的根部並在那裡覓食和生存，並在天氣變暖和蘋果樹開始開花與結果時上移到樹上。危害蘋果芽和果實的蚜蟲的主要來源是在冬季時以根為食的昆蟲。因此，防治根部的蚜蟲將減少對蘋果芽和果實的損害。

數種捕食天敵，特別是那些屬於昆蟲綱的捕食者如瓢蟲科、草蛉科、長蠅科和食蚜蠅科以蚜蟲群落為食。在此季節大規模飼養和釋放這些捕食性昆蟲將降低蚜蟲數量和隨後的損害。如果必須使用化學殺蟲劑來防治此害蟲，只能使用當地政府推薦的殺蟲劑。

　　事實證明，在蘋果樹周圍噴灑某些殺蟲劑可有效防治此害蟲，但必須只使用當地政府推薦的農藥。

二、蘋果蠹蛾（*Cydia pomonella*）

　　蘋果蠹蛾幾乎是世界蘋果果樹種植的主要害蟲。除蘋果外，此蛾也是梨、核桃和榲桲（*Cydonia oblonga*）及相關核果的害蟲，造成經濟損失。

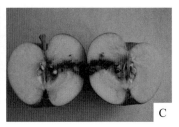

圖 21-2.　蘋果蠹蛾。(A) 幼蟲；(B) 成蟲；(C) 危害狀。

　　生物學：蘋果蠹蛾以完全成熟的幼蟲形式越冬。此幼蟲存在於蘋果樹基部周圍的土壤或植物殘體中的厚絲繭內或鬆散的樹皮鱗片中（圖 21-2）。早春氣溫高於 10℃時，幼蟲在繭內化蛹。取決於溫度，蛹在 1-4 週內發育。成蟲在 4 月底或之後不久開始出現，具體取決於溫度和果實發育期。第一代成蟲從 5-6 月開始飛出（圖 21-2）。成蟲在日落時和日出前很活躍，在此期間進行交尾。

　　雌成蛾在蘋果果實或附近的葉片上單產 30-70 粒卵。卵孵化後，幼蟲尋找並鑽入果實，在 4 週內完全生長（Pajak et al., 2016）。

　　完成發育後，幼蟲離開果實並從樹上掉到地上，尋找土壤中的化蛹地點。蛹期 10 天，之後成蟲出現並開始第二代。每年發生 2-3 代，主要發生在夏季。

　　危害狀：尋找蘋果果實的蘋果蠹蛾幼蟲在果皮下方形成一個小孔，在進食幾天後，向下鑽入果核，在果皮上留下突出的入口孔。這些孔有時會被乾燥的棕色蟲糞堵塞（圖 21-2）。在蘋果果實中，幼蟲會吃掉大量的果肉，幼蟲進入後形成的空腔會被棕色的蟲糞填滿。蘋果果實表面的幼蟲進入孔會隨著蘋果組織被吃掉而變大，幼蟲最終逃離果實，留下一個未堵塞的小孔。第二代幼蟲出現後，蟲害

可能會很嚴重。如果不採取適當的蟲害防治措施，產量損失可能高達 30-50%。

　　管理：目前常使用化學殺蟲劑來防治此害蟲。早期利用化學殺蟲劑能有效防治本蟲。然而，反覆使用殺蟲劑導致蘋果蠹蛾對殺蟲劑產生抗藥性。已嘗試在整個地區使用不孕雄蟲釋放技術，這種技術涉及飼養大量的雄性昆蟲，然後利用輻射，使牠們不孕，並在蘋果園中釋放此雄性成蟲。這些不孕的雄性會遇到果園中自然發生的雌蟲，這種交尾的後代是不孕的，不會產生後代害蟲。這種害蟲防治方法需要在整個地區進行，以達到減少害蟲族群和隨後對作物的損害。

　　在個別農戶的農田，如果一定要使用殺蟲劑來防治這種害蟲，只能使用政府推薦的殺蟲劑。

三、金紋細蛾〔*Phyllonoryster ringoniella*，同物異名 *Lithocollectis ringoniella*〕

　　此物種是日本、韓國、中國和俄國東部地區蘋果的破壞性害蟲。除蘋果外，此昆蟲的幼蟲也以蘋果樹的葉片為食，取食包括葉片上表面和下表面之間的葉片內容物（圖 21-3，見附錄）。

　　生物學：在韓國的一項實驗室研究中，金紋細蛾從卵到成蟲的平均發育期為 26 天。雌成蟲在 8 天的壽命內平均產下 57 粒卵。卵的平均長度和寬度分別為 0.336-0.259 毫米。第五齡成熟幼蟲的平均體長和頭寬分別為 5 毫米和 0.32 毫米，蛹的平均重量為 0.95 毫克。雄成蛾和雌成蛾的翅展分別為 6.28 毫米和 6.04 毫米。卵單產於蘋果葉片背面近葉脈附近。如果在葉片上產卵的數量很多，幼蟲死亡率就會很高。

　　危害狀：金紋細蛾的幼蟲只取食和潛入蘋果葉片，而不是蘋果果實。此種攝食習慣會導致該植物部分光合作用減少和積累的養分流失。這種損害會導致果實變小、未熟果實提早落果和果實顏色變差。第二代造成的傷害更大。因此，有效防治二代對減少經濟損失至關重要。

　　管理：一些寄生蜂如小繭蜂（*Apanteles ornigis*）、釉小蜂（*Sympiesis mary-landesis*）和 *Pnigalio maculipes* 是對金紋細蛾最有效的生物防治因子。如果使用化

學殺蟲劑，可能會殺死這些天敵。然而，一些針對潛葉類昆蟲推薦的殺蟲劑可能對這種害蟲的天敵如蟎類捕食者沒有毒性。任何選擇的殺蟲劑都必須在蘋果潛葉蟲產卵之前施用，直到幼蟲進入寄主植物的葉組織。

四、二點葉蟎（*Tetranychus urticae*）

二點葉蟎是在露地或溫室或網室中栽培中許多重要經濟作物的最重要害蟲之一（圖 21-4）。此蟎類以超過 1,275 種植物為食。

生物學：二點葉蟎只在葉片下表皮取食。在新地點建立新群落後，葉蟎會產生絲網，保護自己免受天敵、雨水和風的侵害。這種網的存在也顯示蟎類的危害。該物種的特徵是未受

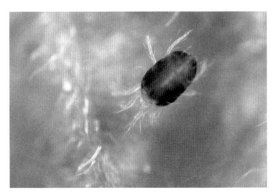

圖 21-4. 二點葉蟎。

精卵發育成雄性，而受精卵發育成雌性的特性。生命週期由卵、幼蟎、靜止的前若蟎（protonymph）和性成熟的雄性和雌性組成。在最佳條件下，生命週期在 10 天內完成。一隻雌蟎最多可產 100 粒卵。在寄主植物的生長季節，本蟎的族群數量會成數倍增加。

危害狀：本蟎主要透過吸出寄主植物的葉片薄壁組織為食。這種攝食損害在葉片的兩側都可見。強烈的害蟎攝食導致葉片上部出現鑲嵌類型的小亮點，受害葉片的背面覆蓋著葉蟎不同發育階段（卵、幼蟎、蛹、成蟲）的絲網。蟎族群數量的增加和進一步取食會導致葉片畸形，除非採取適當的防治措施，否則受害植物會枯萎、褐變並最終死亡。

管理：目前，農民常使用殺蟎劑（miticides）防治蘋果葉蟎的危害。由於世代的快速更替，葉蟎對化學殺蟎劑已產生了抗藥性。培育抗蟎蘋果品種的潛力是存在的，由於蘋果是透過種植嫁接的「枝條」，因此使用抗蟎莖或接穗可以幫助減少對此植食性的葉蟎的攝食。在需要時使用殺蟎劑是目前顯而易見的選擇。交

替使用政府推薦的一種以上殺蟎劑，一次施用一種。此將減少葉蟎對殺蟎劑產生抗藥性的機會。

五、赤葉蟎（*Tetranychus cinnabarinus*）

這是一種高度雜食性的蟎類，蘋果是近二十種具有重要經濟意義的寄主植物之一，其中一些雜草也是牠的寄主。蘋果是其經濟上更重要的寄主之一。此蟎類在世界範圍內都有分布。

生物學：赤葉蟎在大約 1 週內完成從卵到成蟎的一個生命週期。在熱帶地區，蟎蟲的各個階段全年都存在於植物上。炎熱乾燥的天氣最有利於其繁殖。

卵：呈球形，有光澤，稻草色，直徑約 0.4 毫米。卵單獨產在葉面的下側或附著在由成蟲紡成的絲網上（圖 21-5）。

圖 21-5. 赤葉蟎（溫宏治教授提供）。

幼蟎：幼蟎呈粉紅色，略大於卵，有三對足。幼蟎期較短，也許是 1 天。

若蟎：若蟎階段與幼蟎階段的不同之處在於略大，呈紅色或綠色，具四對足。此階段約 4 天。

成蟎：雌成蟎體長約 0.5 毫米，紅色，橢圓形。雄成蟎稍小，呈楔形。牠們在相對無色的身體兩側有黑點（因此得名）。雌成蟎最多可活 24 天並產下 200 粒卵。

危害狀：它們取食是藉由將口器插入葉片組織並吸出內容物，包括葉綠素。取食後最初看起來葉片是白色的，使葉片呈現條紋狀，但隨著時間的推移，這些斑點使受損的葉子呈現棕色。在一些嚴重受損的葉片中，為古銅色並提早落葉。

管理：觀察蘋果樹受害的進程，與其他節肢動物害蟲一樣，此蟎也有天敵，可以減少害蟲對作物的損害。如果損害變得明顯並不斷發展，請使用推薦的化學或生物殺蟲劑來防治此害蟎。該物種的管理措施與二點葉蟎相似。

六、梨綠蚜（*Aphis pomi*）

梨綠蚜是一種園藝作物害蟲，透過吸食植物汁液和傳播病毒造成水果和蔬菜相當大的損失，尤其是那些會引起嚴重植物病害的病毒（圖 21-6）。梨綠蚜是歐洲、北美和亞洲的蘋果害蟲，除利比亞和突尼西亞外，非洲、南美和澳洲沒有這種害蟲。

生物學：梨綠蚜通常會整個夏季留在蘋果樹上。梨綠蚜族群春季在蘋

圖 21-6. 梨綠蚜危害枝幹。

果上聚集，隨著溫度升高而增加。第一代由無翅個體組成，但最終會有有翅個體出現，此有助於牠們遷移到其他寄主植物，如梨和桃子上。在此期間繼續快速繁殖，因此在相對較短的時間內會出現大量族群增長。蚜蟲族群數量迅速增加。所有新孵化的若蟲都是雌性。若蟲期的平均時間為 14 天。總生命週期 30-38 天，平均為 31 天。

危害狀：梨綠蚜的若蟲與成蟲通常呈綠色和淺黃色，都出現在葉片下表面。若蟲和成蟲都吸食葉片、嫩枝、樹枝和幼果的汁液。結果影響葉片捲曲、花朵脫落和幼果掉落。如果蚜蟲危害很嚴重時，牠可能會使葉片變黃或扭曲。有時，蚜蟲取食可能導致葉片壞死和／或枝條發育不良。蚜蟲分泌稱作蜜露的黏性含糖物質，它會促進植物部位的煤煙菌生長，會覆蓋葉片上，嚴重發生的情況下，會降

低光合作用,也可能會影響果實產量的品質和產量。

管理:如果蚜蟲在結果前開始危害,可以使用當地推薦的殺蟲劑來減少蚜蟲的危害。但是,當果實開始發育時,就不應使用任何化學殺蟲劑。甲蟲種類,例如屬於瓢蟲屬的甲蟲,是幾種蚜蟲的有效捕食天敵。在一些國家,這些天敵昆蟲現在可以在市場上買到,用於防治蚜蟲害蟲。當蚜蟲正在進行危害時,將這些捕食天敵釋放到蘋果園中。這種操作減少了蚜蟲族群數量,減少了對化學殺蟲劑使用的需求。這些甲蟲的捕食活動可以透過向蘋果樹噴灑「印楝」(*Azadirachta indica*)種子萃取物來補充,這種噴霧劑可以驅避許多害蟲,同時對瓢蟲無毒。如果必須使用化學殺蟲劑來更快速的防治蚜蟲,僅使用政府推薦的化學品,並按照推薦的劑量和兩次連續噴灑之間的時間間隔。

第二十二章

桃樹害蟲

常見重要的桃樹有害節肢動物有下列五種：

(1) 桃蛀蟲〔Peach tree borer, *Synathedon exitiosa* (Say)〕（鱗翅目：透翅蛾科）

(2) 桃折心蟲〔Oriental fruit moth, *Grapholitha molesta* (Busck)〕（鱗翅目：捲葉蛾科）

(3) 小桃樹蛀蟲〔Lesser peach tree borer, *Synanthedon pictipes* (Grote & Robinson)〕（鱗翅目：透翅蛾科）

(4) 桑擬白輪盾介殼蟲〔White peach scale, *Pseudaulacapsis pentagona* (Targioni Tozzetti)〕（半翅目：盾介殼蟲科）

(5) 歐洲葉蟎（European red mite, *Panonychus ulmi*）（蛛形綱絨蟎目：葉蟎科）

(6) 二點葉蟎（Two-spotted spider mite, *Tetranychus urticae*）（蛛形綱絨蟎目：葉蟎科）

一、桃蛀蟲（*Synathedon exitiosa*）

桃蛀蟲原產於北美洲。牠是桃、李和櫻桃的破壞性害蟲。雌成蟲比雄成蟲稍大，翅展為 33-38 毫米，而雄成蟲為 25-32 毫米（圖 22-1，見附錄）。蛹是深褐色至黑色，32 毫米長的奶油色頭部有堅硬的刺。卵直徑為 0.5 毫米，橢圓形紅棕色。

生物學：桃蛀蟲以幼蟲形式在桃樹樹皮內越冬。幼蟲在越冬期大氣變溫暖的日子裡就開始取食。在早春，幼蟲開始在地際（soil line）下方移動並化蛹。蛹期 18-30 天，之後成蟲出現並開始交尾。交尾過之雌成蟲在樹根附近產下 200-800 粒卵。卵期 8-10 天。幼蟲通常經由傷口立即進入樹皮並開始取食和生長。此昆蟲一年只發生一代。

危害狀：由於幼蟲在桃樹樹幹內鑽孔取食，大量的樹脂混合幼蟲分泌物從地面樹幹或寄主樹下部桃樹樹幹的幼蟲蛀入口孔中排出，可能會發現蛹殼從受危害樹的樹皮上的此蛀孔中冒出來。這種損害會降低果實產量，如果不加以防治，大多數植株都會死亡。

管理：當從產在樹幹表面的卵孵化出的幼蟲在進入樹幹之前，仍在樹幹外

面時，桃蛀蟲是最脆弱的，防止幼蟲進入樹幹可確保沒有蟲害。只要牠們在樹幹上，就會受到天敵的攻擊，也可能被所噴灑的化學殺蟲劑殺死。

寄主植物抗性：大多數果樹都是用嫁接苗種植的。要製作嫁接苗，請選擇抗蟲桃樹品種或相關品種的砧木，然後嫁接農民希望產生果實的品種的接穗。此將確保用此嫁接的幼苗所種植的新樹對害蟲具有抗性／耐受性，並能結出農民希望銷售的各種水果。

除去幼蟲：如果仔細觀察，可以很容易地找到幼蟲破壞和幼蟲進入樹幹樹皮的入口孔。蛀孔通常覆蓋著幼蟲排泄物的糞便，如果無法用物理方法清除幼蟲，則在幼蟲蛀口孔中注入合適的殺蟲劑，即可殺死在樹幹內取食的害蟲幼蟲。

二、桃折心蟲（*Grapholitha molesta*）

此種蛾原產於中國西北部，現在在日本、澳洲、歐洲、北美、南美、西北亞、南非和西北非等地區皆有發現。

生物學：在溫帶氣候狀況下，此蛾每年有 4-6 代，具體取決於地理區域。成蟲一般飛行能力弱，平均飛行距離不超過 25 公尺。找到寄主植物後，卵產在葉片或新芽上。6 月初，剛孵化的第一代幼蟲鑽入末端枝梢的尖端並向下挖洞，直到牠們到達較硬的組織。在此階段，幼蟲離開枝條並進入另一個枝條。成熟的幼蟲離開枝條並利用絲線落到地面或樹幹上，在那裡牠們吐繭化蛹。重複生命週期，第二代幼蟲在 7 月 10 日至 20 日孵化。這一世代也攻擊芽，但到了仲夏芽開始變硬。這時候許多部分長成的幼蟲離開枝條並開始攻擊果實。

危害狀：在晚春，枝條枯萎導致枯死。在受害嚴重的果園中，枝條傷害很明顯。在幼樹中，主要的經濟損失是果實的破壞。仲夏時節，流膠和鋸末屑堆積在綠色果實的表面，這可能會在樹幹附近或兩個果實接觸的地方發現。果實受害可能導致褐腐病增加（圖 22-2）。

圖 22-2. 桃折心蟲。(A) 幼蟲危害狀；(B) 桃果實蛀蟲危害外觀；(C) 桃折心蟲性費洛蒙誘蟲（洪巧珍博士提供）。

管理：過去，由於經常使用化學藥劑可以快速有效地防治害蟲。然而，經過多年的實施，此種昆蟲對其中一些化學物質產生了抗藥性。由於桃果實可作爲生果食用，也可用於嬰兒食品，因此需要將殺蟲劑的使用量降至最低。在一些研究中，昆蟲蟲生線蟲與性費洛蒙等生物製劑已顯示出減少這種害蟲造成的損害之潛力（圖 22-2）。請查看當地關於使用化學殺蟲劑管理此害蟲的建議。

三、小桃樹蛀蟲（*Synanthedon pictipes*）

此種桃樹害蟲，迄今爲止僅限於加拿大和美國，但隨著遠東與美國和加拿大之間商務和觀光旅遊的增加，此害蟲很可能從西方向東方傳播。中國是世界上桃子的主要生產國之一。

生物學：成蟲體呈黑色，帶有金屬光澤，頭部和胸部有白黃色斑紋，腹部有一條窄帶。翅透明。雄成蟲和雌成蟲是相似的，除了雄性相對細長，觸角有叢毛。在氣候溫暖的地區每年有 2 代，而在多季寒冷的地區只有 1 代（圖 22-3，見附錄）。

危害狀：幼蟲以桃、李、櫻桃和黑櫻桃爲食。害蟲幼蟲通常棲息在傷口邊緣周圍的樹皮腔內。當完全發育時，幼蟲在其內化蛹。

管理

性費洛蒙：這些化學品更適用於果園中的害蟲防治，而不適用於開闊地。在果園裡，風流受阻，易揮發的性費洛蒙化學物質不會被吹走，並且比在開闊的田野中保持更長時間的有效性。小桃樹蛀蟲的性費洛蒙由兩種化學物質組成；

(Z,Z)-3,13-octadecadien-1-ol acetate（ODDA）是主要的類似物，而 (E,Z)-3,13- 是同一種化學物質的次要物質。然而，這兩種化學品的不同混合物在減少桃子果園幼蟲危害方面取得了不同程度的成功。人們必須嘗試不同的混合物，才能找出哪一種化學物質的比例最有效。

性費洛蒙對人類是安全的，在化學物質不易被風吹走的果園中防治害蟲最有效，並且比在開闊的田野中保持更長時間的有效性。如果性費洛蒙無法防治害蟲，請按照當地政府的建議使用生物或化學殺蟲劑。

四、桑擬白輪盾介殼蟲（*Pseudaulacapsis pentagona*）

桑擬白輪盾介殼蟲是盾介殼蟲的一種，是多食性害蟲，可危害一百多屬植物，包括許多果樹和觀賞植物（圖 22-4，見附錄）。

生物學：根據寄主植物的不同，成熟的雌成蟲會產下 100-150 粒卵。卵在 3-4 天內孵化。橙色的卵孵化為雄性，而白色的卵孵化為雌性。新孵出的 1 齡若蟲分散到寄主植物的其他部位。雌性有 3 齡，而雄性有 5 齡。後面齡期的幼蟲不動，將牠們的口器插入寄主植物組織中以吸取寄主植物的汁液。在溫帶氣候地區，每年最多可發生四代。即使溫度降至－20℃，雌成蟲也能在冬天存活下來。當若蟲被吹走或黏附在鳥類或飛行的昆蟲身上時，可能會分散到新的地點。牠們還可以藉由苗木運送到新地點種植而散播。

危害狀：主要損害來自這種吸食植物汁液。結果，植物的生長勢和其生長受到不利影響。葉片受害的樹可能變得稀疏和黃色，果實尺寸小可能會減小，並且可能會發生落果。如果害蟲危害無人照顧，嚴重的危害會導致枝條、分枝甚至大樹枯死。

管理：首先，使用乾淨的移植植株開始新的作物。化學防治是可用的，但這種昆蟲的蠟質覆蓋物為牠提供了一些保護。必要時使用當地推薦的殺蟲劑。

五、歐洲葉蟎（*Panonychus ulmi*）

關於歐洲葉蟎的生物學、危害狀和管理措施的詳細資料，請參見第二十四章李樹害蟲。

六、二點葉蟎（*Tetranychus urticae*）

關於二點葉蟎的生物學、危害狀和管理措施的詳細資料，請參見第二十一章蘋果害蟲。

第二十三章

梨樹害蟲

梨樹有害節肢有九種，介紹如下：

(1) 梨木蝨〔Pear psyllid, *Cacopsylla chinensis* (Yang and Li)〕（半翅目：木蝨科）

(2) 桃折心蟲〔Oriental fruit moth, *Grapholitha molesta* (Busck)〕（鱗翅目：捲蛾科）

(3) 二點葉蟎〔Red spider mite, *Tetranychuss urticae* (C. L. Koch)〕（絨蟎目：葉蟎科）

(4) 歐洲葉蟎〔European red spider mite, *Panonychus ulmi* (Koch)〕（絨蟎目：葉蟎科）

(5) 梨瘤蚜〔*Aphanostigma jakusuiensis* (Zhang and Zhang)〕（半翅目：根瘤蚜科）

(6) 梨莖葉蜂〔Pear stem girdler, *Janus piri* (Okamoto)〕（膜翅目：莖蜂科）

(7) 梨實蜂〔Pear fruit sawfly, *Hoplocampa pyricola* (Rohwar) (in Chinese)〕（膜翅目：葉蜂科）

(8) 康氏粉介殼蟲〔Comstock mealybug, *Pseudococcus comstocki* (Kuwana)〕（半翅目：粉介殼蟲科）

(9) 日本梨蚜〔*Scizaphis spiricola* (Matsmura)〕（半翅目：常蚜科）

一、梨木蝨（*Cacopsylla chinensis*）

梨木蝨是中國北方梨樹產區嚴重的蟲害（圖 23-1，見附錄）。

生物學：梨木蝨成蟲是暗紅褐色的小蟬，長 2.4 毫米。

卵：肉眼幾乎看不到的卵呈梨形，淡黃色，產在樹皮的裂縫內和芽周圍。在孵化成若蟲之前會變成深黃色。

若蟲：具刺吸式口器的若蟲以植物汁液為食。幼齡若蟲體柔軟，呈乳黃色。當若蟲成熟時，變成深棕色，形狀更橢圓。若蟲 5 齡。翅芽是獨特的，於晚齡期出現。這些晚齡若蟲通常被稱為「硬殼」。

成蟲：成蟲在樹上或其他有遮蔽的地方越冬，當溫度超過 5℃ 時開始活動，此通常發生在早春。一隻雌蟲可產約 600 粒卵。一般一年發生 4 代。

危害狀：梨木蝨具有刺吸式口器，將口器刺入梨的葉片和嫩枝中，吸取汁液為食，這削弱了受害的植物部分。其同時會分泌大量的蜜露，這些蜜露會流到煤煙黴菌生長的葉片和果實上。這會導致梨果實的表皮變黑、結疤，葉子上出現褐色斑點。嚴重危害時會導致梨樹部分或完全落葉，從而降低生長勢並阻止果芽的形成。

管理：保持桃樹樹勢旺盛生長，適時施適量肥料，以減輕梨木蝨的影響與減緩梨樹的生長速度之下降。中國、日本、韓國在休眠期 1 月初左右噴一次園藝油 [1]。如果害蟲族群數量多且損害嚴重，則在開花前進行第二次園藝油處理。殺蟲劑如阿巴丁加花瓣期的園藝油，在一些國家對害蟲有很好的防治，在其他地方也對害蟲有很好的防治。

（[1] 園藝油是以石油為基底或植物的輕質油。它們作為稀釋噴霧劑噴灑在植物表面以防治昆蟲和蟎類）

二、桃折心蟲（*Grapholitha molesta*）

關於桃折心蟲的生物學、危害狀和管理措施的詳細資料，請參見第二十二章桃樹害蟲。

三、二點葉蟎（*Tetranychuss urticae*）

關於二點葉蟎的生物學、危害狀和管理措施的詳細資料，請參見第二十一章蘋果害蟲。

四、歐洲葉蟎（*Panonychus ulmi*）

關於歐洲葉蟎的生物學、危害狀和管理措施的詳細資料，請參見第二十四章李樹害蟲。

五、梨瘤蚜（*Aphanostigma jakusuiensis*）

梨瘤蚜又稱梨黃粉蚜。單食性，目前所知只危害梨（圖 23-2，見附錄）。成蟲和若蟲群集在果萼凹處危害繁殖，當族群數量高時，會布滿整個果實表面，果萼處變黑與腐爛。

生物學

成蟲：體卵圓形，長約 0.8 毫米，體鮮黃色，具光澤，腹部無腹管及尾片，無翅。包括幹母有性型與無性型。有性型體長卵圓形，體型略小，雌蟲約 0.47 毫米，雄蟲約 0.35 毫米左右，體色鮮黃，口器退化。

卵：越冬卵橢圓形，長 0.25-0.40 毫米，淡黃色，表面光滑；產生二種性型的卵，體長 0.26-0.30 毫米，初產淡黃綠，漸變為黃綠色；產生有性型的卵，雌卵長 0.4 毫米，雄卵長 0.36 毫米，黃綠色。

若蟲：淡黃色，形似成蟲，僅蟲體較小。

一年發生 10 餘代，以卵在樹皮裂縫或枝幹上殘附物內越冬。次年梨樹開花時卵孵化，若蟲先在翹皮或嫩皮處取食危害，以後轉移至果實萼窪處危害，並繼續產卵繁殖。

梨黃粉蚜的生殖方式為孤雌生殖，雌蚜和性蚜都為卵生，生長期有性型和無性型成蟲產孤雌卵，過冬時有性型成蟲孤雌產生雌、雄不同的兩種卵，雌、雄蚜交尾產卵，以卵過冬。成蟲每天最多產 10 粒卵，一生平均產卵約 150 粒；性母型成蟲每天約產 3 粒，一生約產 90 粒。

多在背陰處棲息危害，套袋處理的梨果更易遭受危害，若採收較早，帶有蟲體的梨果，在貯藏期間仍繼續危害，此時萼窪被害部位逐漸變黑腐爛。成蟲活動力差、傳播途徑主要靠梨苗輸送、轉移等方式。但在溫暖乾燥的環境中如氣溫為 19.5-23.8℃，相對溼度為 68-78% 時，活動猖獗，高溫低溼或低溫高溼都對梨黃粉蚜活動不利。在不同品種中受害程度也有差異，無萼片的梨果受害輕於有萼片的梨果。老樹受害重於幼樹，地勢高處較地勢低處受害率輕。

危害狀：多在背陰處棲息危害，套袋處理的梨果更易遭受危害，若採收較早，老樹受害重於幼樹，地勢高處較地勢低處受害率輕。果實受害後果皮變粗

糙、褐變甚至腐爛，影響品質及產量。

管理：套袋是果農常見的措施，一旦套袋後則防治非常困難，學者建議可採用下列綜合防除措施以減少結果期之施藥：

1. 採收後：先清除接穗處之膠布。同時做清源工作，若有腐爛果實、果袋及殘枝，宜即早集中銷毀。
2. 嫁接前：全園用 80% 可溼性硫黃水分散性之蟲源。接穗用 80% 可溼性硫黃水分散性粒劑 400 倍浸 2 分鐘，或用 45℃ 溫水浸 30 分鐘，以便殺死接穗上可能存在的蟲卵。
3. 嫁接後：以凡士林等膠物，指寬環狀塗於嫁接處下方，以防止枝幹上若蟲遷往果實部位危害。
4. 套大袋前：先施用推薦防治藥劑一次防治。
5. 套大袋時：套袋口先浸 52% 可溼性硫黃水懸劑 100 倍後再行套袋，減少瘤梨蚜侵入套袋中繁殖危害。

六、梨莖葉蜂（*Janus piri*）

這種起源於亞歐的昆蟲物種現已進一步傳播到北美（圖 23-3，見附錄）。該物種經歷了各種名稱更改，最新的是 *Janus piri* (Okamoto)、*Cacopsylla piri* (L.)。

生物學：成年梨莖葉蜂體長 2-4 毫米。體色從橙紅色到黑色不等。胸部有白色縱紋。翅透明，帶有深色翅脈。梨莖葉蜂在寄主植物樹幹的裂縫中以成蟲形態越冬。在春天，牠從滯育中出現，雌成蟲開始產卵，卵產在膨脹的芽的基部周圍。在夏季，卵產於葉中脈兩側、葉柄和花蕾上。梨莖葉蜂若蟲蛻皮五次，若蟲和成蟲都將牠們的口器插入韌皮部組織並吸食植物汁液。同時，牠們會像蜜露一樣分泌多餘的液體。

危害狀：這種昆蟲用刺吸式口器取食梨樹的植物汁液，這種攝食會導致花蕾變小而變形的果實掉落。昆蟲產生的過多蜜露覆蓋葉片的氣孔，黑色煤煙黴菌生長在覆蓋葉片的蜜露上，從而降低光合作用和果實產量。

管理：春季梨樹冒出葉片前噴休眠油可有效防治梨莖葉蜂。這種處理會殺死

剛產下的卵。如果在生長季節昆族群數量較多時，請使用 1% 的油噴霧劑或殺蟲肥皂噴霧劑。如有必要時，噴灑當地政府部門推薦的殺蟲劑。

七、梨實蜂（*Hoplocampa brevis*, *H. pyricola*）

這是一種單食性昆蟲。牠的幼蟲在早春專門在梨小果內取食。葉蜂成蟲是約 5 毫米長的紅黃色小蜂（圖 23-4，見附錄）。

生物學：此種入侵害蟲原產於亞洲。此種葉蜂的成蟲是約 5 毫米長的紅黃色小蜂。幼蟲也很小，呈乳灰色。頭部為紅棕色。成熟的幼蟲長約 8 毫米。這種害蟲的成蟲族群主要由雌蟲組成，牠們無需交配即可繁殖（孤雌生殖）。雌性在多達 40 朵花的表皮中產單粒卵，1-2 週後，幼蟲孵化並鑽入幼小果實（小果）中供食。一隻幼蟲可以在 3-5 週的時間內進入取食並從多個果實鑽出。當幼蟲成熟時，會掉到地上，鑽入土壤並形成一個絲狀的繭。此昆蟲一直留在地下直到春天化蛹，然後羽化變成成蟲。大約 20% 的幼蟲會在土壤中再停留一年。因此，梨果葉蜂一年只有一代。

危害狀：幼蟲的攝食導致果實變形和腫脹。蟲害導致果皮有瑕疵。靠近花萼的圓孔可見。受損果實內部存在黑色腐爛和潮溼的糞便。受損的果實提早落下，導致果實減產。

管理

(1) 從 3-4 月開始，每週兩次監測梨園葉蜂成蟲發生情況。每 3 天監測一次蟲害發生情況，如果植株數量多，移除被葉蜂損壞的果實會有很大的幫助。秋季在樹行之間翻耕和挖土可以殺死準備越冬的土壤中的幼蟲，這將減少春季出現的害蟲族群數量與開始重新危害桃樹。

(2) 必要時在梨樹上噴灑地方政府的殺蟲劑，以防治此種害蟲。

八、康氏粉介殼蟲（*Pseudococcus comstocki*）

康氏粉介殼蟲原產於中國和日本，但現在在世界大部分地區都可發現，牠是蘋果、梨、桃、李子和一些觀賞植物等仁果（屬於薔薇科植物的果實）的害蟲（圖23-5，見附錄）。

生物學：此種介殼蟲的成蟲很小，長 3-5 毫米，無翅，而且壽命很短。具有刺吸式口器。產生的蜜露可作為黑媒菌（一種真菌）在水果上生長的基質。

卵很小，長約 0.3 毫米，呈亮橙色，橢圓形，成團產在小枝、修剪切口和果實的萼端或樹皮縫隙中。卵塊上覆蓋著白色的蠟狀細絲，看起來像棉花。卵在晚春孵化，若蟲以葉片和嫩枝為食，直到 7 月初左右完成發育。然後第二代成蟲產卵，大約 10-11 天孵化，第二代幼蟲在初秋發育成成蟲。這些成蟲產越多卵或以成蟲過冬。

危害狀：對果實的主要損害是由於這些昆蟲產生大量蜜露的花萼的危害。如果果實上有煤煙菌，這些蜜露可作為生長的基質。花萼中康氏粉介殼蟲的存在也是加工水果受汙染問題的一個原因。

管理：重要的是要監測梨樹的危害情況，以確定是否存在康氏粉介殼蟲。這可以透過移除鬆散的樹皮並在樹枝上尋找卵和幼蟲來完成。可以定期檢查梨果實的花萼，以確定康氏粉介殼蟲的存在。早期噴灑殺蟲劑對 1 齡幼蟲有效，一旦進入花萼，成蟲幾乎不可能清除或被殺蟲劑殺死，因為殺蟲劑不可能接觸到昆蟲。

九、日本梨蚜（*Scizaphis spiricola*，同物異名 *Aphis spiraecola*）

此蚜蟲分布於亞洲、非洲、歐洲、北美洲和大洋洲。其頭部和胸部呈深棕色，腹部呈黃綠色。牠是高度雜食性的，以李、櫻桃、桃、杏等重要作物為食，也是數種植物病毒的媒介，可導致某些果樹的全部產量損失（圖23-6，見附錄）。

生物學：此蚜蟲的體色可以從黃綠色到蘋果綠色不等。頭部和胸部呈深棕色，腹部呈黃綠色。這個物種是全環的，在生命週期的一部分期間進行有性繁

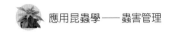

殖，並在大部分地理區域完全孤雌遺傳（不交配）繁殖。

危害狀：本蟲被發現以屬於六十五個植物屬的廣泛植物物種為食，包括梨、蘋果、柑橘、木瓜等，將口器刺入寄主植物組織並吸食植物汁液。這種昆蟲以寄主植物的嫩芽、花、嫩枝和葉片為食。蘋果和柑橘是受影響最重要的作物之一。

管理：這種入侵性蚜蟲物種可能對多個地區的作物造成嚴重破壞。儘管許多種類的捕食天敵都以本蟲為食，但這無法減少害蟲的足夠數量，因而此蚜蟲害蟲仍造成損害。使用某些殺蟲劑可以有效的防治本蚜蟲害蟲，殺蟲劑推薦由地方政府機構提出的，並請僅使用當地政府機構推薦的農藥。

第二十四章

李樹害蟲

以下節肢動物是李樹的害蟲：

(1) 李象鼻蟲〔Plum curculio, *Conotrachelus nemuphar* (Herbst)〕（鞘翅目：象鼻蟲科）

(2) 光管舌尾蚜〔Leaf-curl plum aphid, *Brachycaudus helichrysi* (Kalt)〕（半翅目：常蚜科）

(3) 蘋果果實蠅〔Apple maggot, *Rhagoletis pomonella* (Koch)〕（雙翅目：果實蠅科）

(4) 歐洲葉蟎（European red mite, *Panonychus ulmi*）（蛛形綱絨蟎目：葉蟎科）

(5) 二點葉蟎（Two-spotted spider mite, *Tetranychus urtichae*）（蛛形綱絨蟎目：葉蟎科）

(6) 梨齒盾介殼蟲（San jose scale, *Quadraspidiotus perniciosus*）（半翅目：盾介殼蟲科）

(7) 小食心蟲〔Plum fruit moth, *Grapholita* (Cydia) *funebrana*〕（鱗翅目：捲蛾科）

(8) 李葉蜂〔Plum sawfly, *Hoplocampa flava* (L.)〕（膜翅目：葉蜂科）

(9) 李實葉蜂〔Black plum sawfly, *Hoplocampa minuta* (Christ)〕（膜翅目：葉蜂科）

(10) 西方花薊馬〔Western flower thrip, *Frankliniella occidentalis* (Pergande)〕（纓翅目：薊馬科）

一、李象鼻蟲（*Conotrachelus nemuphar*）

此象鼻蟲是李樹的害蟲。原產於加拿大和美國。其直接取食果實，如果不加以有效防治，此昆蟲會破壞李子果實（圖 24-1，見附錄）。

生物學：雌蟲在李、桃、蘋果與其他核果類果實內產卵。選擇合適的果實後，雌蟲在果實表皮下築卵室產卵。產卵後，母蟲在卵腔下方切出一條彎曲的縫隙，將卵留在果肉瓣中，這會在果實的外側造成新月形的疤痕。如果沒有這個刻出的裂縫，卵就會被果實生長的壓力殺死。

危害狀：李象鼻蟲可以發現取食蘋果、李子、桃子、梨。以果實爲食的昆蟲會在果實上造成大的疤痕和腫塊，大多數因昆蟲攝食而內部受損的果實會提早落果，導致產量下降。

管理：一項重要的可預防措施是在粉紅色的花瓣脫落階段施用推薦的殺蟲劑，就可以盡可能減少損害。另一項重要的預防措施是在害蟲出現和散布之前銷毀掉落的受害果實。

二、光管舌尾蚜（*Brachycaudus helichrysi*）

此種蚜蟲是李樹的嚴重害蟲。胎生的無翅雌成蟲身體呈橢圓形或梨形。在季節初期，牠們呈褐色，但後來變成黃綠色。觸角呈淡綠色、短，約體長的一半（圖 24-2，見附錄）。

生物學：無翅雌蟲體綠色，體長 1.5-2 毫米。有翅雌蟲的頭和胸部是黑色的，腹部包括尾部是綠色。從仲冬到仲夏，此蚜蟲在許多寄主植物上進行胎生孤雌生殖。在歐洲，此蚜蟲在秋天遷移到桃樹上。完成發育需要 3-4 週。此蚜蟲可以在接近冰點的溫度下存活。

危害狀：此蚜蟲取食會導致葉片、花芽和花朵變形。此外，此蚜蟲會傳播「李子痘病毒」，導致桃子發生嚴重的病毒病「Sharka」。

管理：監測本蚜蟲的發生很重要，以向日葵爲例，在萌芽期每株植物有 100 多隻蚜蟲時需要採取防治措施。需要在當地建立類似的閾值以在當地對抗此種昆蟲，以便用於桃子對抗這種害蟲。例如，在印度，桃園噴灑益達胺後產量最高。請僅使用當地政府推薦的殺蟲劑。

光管舌尾蚜受到數種屬於小繭蜂科的寄生蜂的攻擊，例如：*Aphidius cole-mani* (Viereck)，屬於鞘翅目瓢蟲科和食蚜蠅科的昆蟲捕食天敵捕食蚜蟲。昆蟲病原性眞菌新蚜蟲疫黴（*Erynia neoaphidis*）在這種李子害蟲中引起疾病。如果需要，只施用政府推薦的化學殺蟲劑來防治此害蟲。

三、蘋果果實蠅 (*Rhagoletis pomonella*)

除蘋果外，該蟲也是李、桃的害蟲（圖 24-3）。

圖 24-3. 蘋果果實蠅。

生物學

卵：除蘋果外，也是李子和桃子的害蟲。這種害蟲分布於加拿大、美國和墨西哥的李子、桃子和蘋果產區。卵橢圓形，產於李子中時為白色。短時間後，卵變成奶油色。有時可以在半透明的卵內看到發育中的幼蟲。雌蟲一生可產 300-400 粒卵。

幼蟲：幼蟲為白色或奶油色。如果幼蟲吃綠色的果皮，則綠色會出現在幼蟲的表皮上。幼蟲的長度為 7-8.5 毫米，體寬為 1.5-2 毫米。幼蟲呈細長橢圓形。

蛹：幼蟲變小且不活動後，在幼蟲外皮內化蛹。蛹長為 4-5 毫米，寬為 2-2.5 毫米，呈細長的橢圓形。

成蟲：成蟲長 4-6 毫米，翅上有四個不規則的之字形帶，很容易辨認。成蟲的身體通常是黑色的，頭部和足部呈黃色。眼睛綠色。

危害狀：蘋果果實蠅的幼蟲鑽入其寄主植物（桃、李）果實的果肉中，取食果肉並留下棕色通道。當一個果實被多隻幼蟲危害時，果肉會變得像蜂窩一樣，幼蟲會挖洞直到它最終破裂。受害的果實通常會因成蟲產卵導致變成畸形。此類損壞會導致變色。

管理：利用「周邊誘捕」（perimeter trapping），即誘捕進入果園的害蟲成蟲，是果園防治該害蟲的有效物理措施（Bostanian et al., 1999）。這種方法幾乎100% 防治了加拿大的蘋果果實蠅。陷阱應該是紅色球體或黃板夾在紅色球體之間。這些陷阱應該塗上黏性材料，並用化學己酸丁酯作爲誘餌。這種化學物質會吸引成蠅，在尋找化學物質的來源時，成蠅被困在黏板表面並死亡。

四、歐洲葉蟎（*Panonychus ulmi*）

歐洲葉蟎是加拿大和美國李子的嚴重害蟲，牠是李子的破壞性害蟲。此蟎取食蘋果、桃子、梨和李子。由於貿易和觀光旅行，此物種很可能成爲中國和其他地方這些水果作物的害蟲（圖 24-4）。

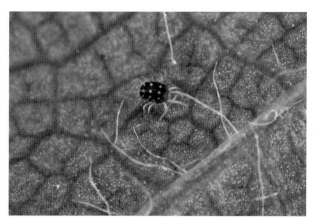

圖 24-4. 歐洲葉蟎。

生物學

卵：卵的直徑爲 0.16 毫米。呈深紅色，球形，有從上到下的小脊和細長的柄（stalk）。越冬卵產於芽基部粗糙的樹皮、細枝及枝條縫隙中，夏季卵沿葉脈可發現。越冬卵產於 8-9 月，春季孵化，夏季產的卵整個夏季孵化。

在歐洲葉蟎中，具破壞力的有三個階段：幼蟎、原若蟎和後若蟎，每個階段之間都會蛻皮。

　　幼蟎：比卵稍大，呈橙紅色，有三對足。牠通常在嫩葉下表皮取食。

　　原若蟎和後若蟎：在兩階段，若蟎逐漸變大、變紅並有四對足。幼蟎在蛻皮後呈綠紅色，開始進食時變成鮮紅色。隨著時間的推移，雌性比雄性長得更大、更橢圓。牠們在葉片下表皮取食。

　　成蟎期：成蟎期階段也是一個破壞階段。雌性體長約 0.35 毫米，磚紅色，橢圓形，背部有白色毛，毛根有白色斑點。雄性個體體長 0.32 毫米，體色偏紅有淡淡的黃色，體型較細長。主要在葉片下表皮取食，當族群數量多時，會移動到葉片上表皮和果實表面取食。雌性在成蟎冒出後兩天開始產卵，壽命可達 20 天，可產下 30-35 粒卵。完成一代是 20-25 天。

　　危害狀：蟎透過除去葉片組織之葉片取食，對李樹造成損害。最嚴重的損害發生在初夏，當時樹木正在為下一季產生果芽。由於受害葉片的光合作用減少，受蟎類危害的果樹結出活力較弱的果實。在嚴重受害的植株中，當蟎類取食造成的損害加劇時，受害的葉片會變成古銅色。如果不加以防治，蟎的攝食會影響果實顏色，導致過早落果。

管理

　　生物防治：自然界的捕食天敵通常讓歐洲葉蟎族群保持在較低水準。在春季讓蟎維持低族群數量，可使捕食天敵數量增加，此使得捕食天敵更能有效地防治害蟲。夏季炎熱的天氣和捕食天敵導致葉蟎數量下降。天敵包括草蛉（*Chrysopa* spp.、*Chrysoperla* spp.）和姬蛉（*Hemerobius* spp.）、姬蝽（*Nabius* sp.）、瓢蟲〔會聚長足瓢蟲（*Hippodamia covergens*）和小黑瓢蟲（*Stethorus picipes*）〕、小黑花椿（*Orius tristicolor*）、西方捕植蟎（*Metaseiulus occidentalis*）。其中一些捕食天敵效果不佳，因為牠們無法打破歐洲葉蟎的卵殼。如果春季或夏季蟎蟲數量較多時，請使用當地政府推薦的殺蟎劑。

　　耕作防治：透過保持樹木的良好灌溉來減少果園中的灰塵條件，從而最大限度地減少蟎蟲問題的可能性。

五、二點葉蟎（*Tetranychus urtichae*）

關於二點葉蟎的生物學、危害狀和管理措施的詳細資料，請參見第二十一章蘋果害蟲。

六、梨齒盾介殼蟲（*Quadraspidiotus perniciosus*）

梨齒盾介殼蟲起源於西伯利亞、中國東北部和朝鮮半島北部。牠現在已經蔓延到除南極洲以外的每個大陸，並且是果樹的主要害蟲。在管理良好的果園中，此昆蟲的數量通常很少，不會造成經濟損失。然而，在管理不善的果園中，族群數量可能會在一、兩個季節內變得足夠高到對果樹和果實造成嚴重損害。此害蟲一旦定著，就很難防治，而且防治起來費用很昂貴（圖 24-5）。

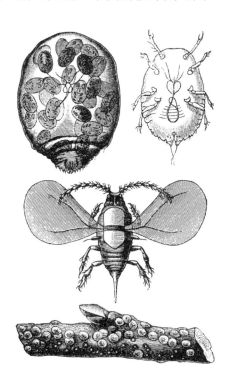

圖 24-5. 梨齒盾介殼蟲。

　　生物學：梨齒盾介殼蟲的雌成蟲是黃色的，無翅和足。呈柔軟的球狀，長約2.1 毫米。雄性介殼蟲的長度約為雌性介殼蟲的一半，呈黃褐色，背部有深色條紋。雄性具翅，觸角長。

　　此昆蟲可以在大約 37 天內完成其生命週期，通常每年有兩代。世代重疊，此昆蟲的所有階段都在夏季同時發生。梨齒盾介殼蟲若蟲被稱為爬行者，開始攝食分泌白色蠟狀物質，被稱為「白帽階段」。最終白色蠟質覆蓋物變成黑色，被稱為「黑帽階段」。

　　當溫度超過 10℃時，昆蟲會在春季恢復發育。在作物花瓣落下階段，成熟的雌性和壽命短的雄性出現。雌性昆蟲很少移動，而雄性昆蟲可以從一棵樹飛到另一棵樹。交配後，雌性昆蟲可以在 6 週內生產 400 隻爬行者。第一代爬行者出現在 6 月初到中旬之間，白帽和黑帽階段發展了大約 1 個月。

　　危害狀：介殼蟲吸食樹枝、樹葉和果實的汁液，導致植物活力、生長和產量全面下降。如果不對昆蟲進行有效防治，此介殼蟲最終會殺死寄主植物。此種昆蟲的取食會導致果實輕微凹陷，並帶有紅色到紫色的孔。如果害蟲族群數量少，對果實的損害通常集中在果實底部。當發生危害時，果實可能會變小、變形和顏色變差。梨齒盾介殼蟲取食造成的損害，甚至在水果表面的斑點，降低水果品質，使水果難以在市場上銷售。

　　管理：預防嚴重危害是防治梨齒盾介殼蟲的最佳策略。在這種情況下，修剪受害的枝條可減少介殼蟲的數量。且同時打開了樹冠，如果噴灑殺蟲劑，殺蟲劑就可以更好的滲透結果，因而增加了殺蟲劑和介殼蟲之間的接觸，防治梨齒盾介殼蟲最有效的噴霧是在萌芽期之前或之後使用含有或不含推薦殺蟲劑的園藝油。梨齒盾介殼蟲在冬季休眠後恢復發育，並噴灑昆蟲。收穫後殺蟲劑的施用在防治這種害蟲方面無效。

七、小食心蟲〔*Grapholita* (Cydia) *funebrana*〕

　　小食心蟲能夠在薔薇科植物的許多野生和栽培核果及其他物種上發育。如果管理不善，這種害蟲會造成 25-100% 的水果產量損失。

生物學

卵：卵單產，長 0.7 毫米、寬 0.6 毫米的扁平且略呈橢圓形。這些半透明的白色卵在成熟時會變成黃色。一般 6-7 月產卵於果柄基部。約在 10 天內會孵化。

幼蟲：成熟的幼蟲長 10-12 毫米。頭部爲深棕色至黑色，前胸呈淡黃色，足也是淡黃色。腹部是半透明的白色，但隨著幼蟲發育到各齡期，腹背面變成粉紅色，腹面變成黃色。肛板呈淺棕色，帶有黑色小斑點（圖 24-6）。

蛹：蛹呈淺棕色，長 6-7 毫米，上面覆蓋著絲繭。

成蟲：大多數成蟲在夜間活動，白天在樹冠中休息。雌蟲壽命爲 11 天比雄蟲爲 8 天長。隨著季節的推移，雌性也比雄性數量多。大多數交尾發生在黎明前。

滯育：滯育通常是生長的靜止階段，通常由較短的光週期引發，這也與低溫相吻合，這是世界溫帶地區存在的一種情況。

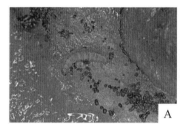

圖 24-6. 小食心蟲。(A) 幼蟲；(B) 危害狀；(C) 性費洛蒙防治。

危害狀：幼蟲從卵孵化後蛀入果實。受害果實底部的這些孔幾乎看不見。這些孔的滲出物包括糞便，此危害狀是鑑定是否本蟲危害的良好標準。幼蟲攝食損害果實中的汁液容器（sap vessel），導致果實顏色從綠色變爲紫色並落果（圖 24-6）。

管理：近年使用雌性性費洛蒙防治本蟲似乎在果園防治中較爲普遍（圖 24-6）。在果園裡，果樹減少了風的流動。在這種情況下，具揮發性的性費洛蒙化學物質不會像在開闊地那樣迅速散發，並且在吸引、誘捕和殺死雄蛾方面仍然有效。在沒有雄性的情況下，雌性昆蟲無法交尾繁殖第二代昆蟲和害蟲族群，對果實的損害自會減少。在果園裡，因爲移動減少了，性費洛蒙的揮發也減少，化學物質保持相對較長的時間有效，這使得性費洛蒙的使用變得經濟。詳細了解性費洛蒙的各種使用方法，請參見第九章害蟲管理方法——永續。

　　如果絕對有必要使用化學殺蟲劑，請諮詢當地政府並僅使用當地政府推薦的
殺蟲劑。

八、李葉蜂（*Hoplocampa flava*）

　　除了李子外，也取食杏、黑刺李和櫻桃。

　　生物學：體光滑，黃色身體，複眼長，觸角九節，淡黃色，翅透明，黃色翅
脈（圖 24-7）。幼蟲 4 齡；末齡幼蟲體長 6-8 毫米。末齡幼蟲在土壤中 4-6 公分
深的繭中多眠。春季化蛹，恰逢梅花盛開。成蟲一般在花盛開前 1-2 天出現。雌
蟲以花的花蜜和花粉爲食後，用產卵器去除花萼產卵，一個一個地產在小果內。

　　成蟲壽命爲 3-16 天。交配後的雌成蟲產下近 70 粒卵。卵孵化需要 9-14 天。
幼蟲在 14-25 天內發育，在此期間平均傷害六個果實。

圖 24-7.　李葉蜂。

　　危害狀：卵孵化後，幼蟲以發育中的果實的果皮爲食物。在最後一齡後期，
幼蟲吃種子，也稱爲核果。在東歐，產量可能在 30-80% 之間。

　　管理：在果樹行與行之間翻耕（plowing）和翻開（disking）李子果園土壤，
是防治此害蟲的重要管理措施，這種操作會殺死蛹或將牠們暴露在土壤表面以供
鳥類食用。成蟲大量出現後，春季花蕾發育的膨大期噴兩次推薦的殺蟲劑，開花
後立即殺死成蟲，從而減少害蟲對作物的損害。

九、李實葉蜂 (*Hoplocampa minuta*)

此昆蟲是李子、櫻桃、杏、黑刺李和櫻桃的害蟲。

生物學：成蟲體長 4-5 毫米。頭部、胸部和腹部均爲黑色。觸角九節；雄成蟲觸角淺棕色，基部淺，雌成蟲觸角深棕色。翅是透明的，帶有褐色的翅脈。幼蟲有七對腹前足，頭部褐色或橙色。

幼蟲 5 齡；末齡體長 6-8 毫米。化蛹發生在春季表層土壤溫度爲 8℃時。蛹爲離蛹。成蟲大量出現發生在花開前 1 週。成蟲壽命 8-15 天。成蟲以花蜜和花粉爲食後開始產卵，產下 20-30 粒卵。雌成蟲用產卵器去切開花萼表皮，將卵一個一個產在小果內（圖 24-8）。

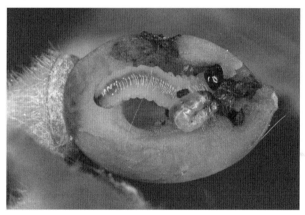

圖 24-8. 李實葉蜂。

危害狀：幼蟲孵化後侵入小果。幼蟲期 21-24 天。在此期間，牠會損壞三至六個小果。受害果掉落。有時果實收穫的損失可高達 95%。

管理：秋耕（autumn plowing）和翻開（disking）是防治該害蟲的重要預防措施。在害蟲大量出現時，必須在春季花蕾發育期和開花後立即進行兩次殺蟲劑處理。

十、西方花薊馬（*Frankliniella occidentalis*）（纓翅目：薊馬科）

西花薊馬是一種高度雜食性昆蟲。牠原產於美國西南部，現在幾乎遍布世界各地。牠透過運輸受危害的植物材料傳播（圖 24-9）。

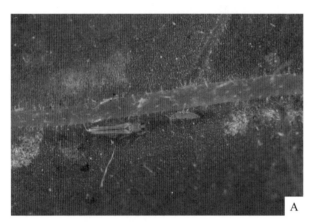

圖 24-9. 西方花薊馬。(A) 若蟲；(B) 成蟲。

生物學：雄成蟲長 1 毫米；雌成蟲稍微長為 1.4 毫米。雄性很少見，呈淡黃色。雌成蟲的顏色從紅黃色到深棕色不等。每個成年體型細長，長有兩對長翅。若蟲黃色，複眼紅色。

生命週期因溫度而不同。成年壽命 2-5 週。若蟲期 5-20 天。每隻雌成蟲可在植物組織中產下 40-100 粒卵，主要產在花中，但有時也產在葉片和果實中。初孵化的若蟲在前兩齡以植物為食，接著大量食用剛剛從花中長出的新果實。然後若蟲從植物上掉落並完成剩餘的兩齡。

危害狀：成蟲將卵產在植株花、葉、幼果、果梗、花萼或嫩莖組織內，特別偏好尚未展開的花苞。會在花卉表面活動，亦會隱藏在花萼內與花瓣夾層中。主要是吸食汁液，導致花瓣出現灰白斑、脫色、皺縮、變形。在蘋果、葡萄、桃、胡瓜、番茄等之幼果形成期刺吸果皮與產卵，造成傷痕。

管理：誘殺，這種薊馬喜歡藍色並被它吸引。

第二十五章

菸草害蟲

菸草重要害蟲就口器類型分別敘述如下：

咀嚼式口器昆蟲為：

(1) 斜紋夜蛾〔Tobacco cutworm, *Spodoptera litura* (Fabricius)〕（鱗翅目：夜蛾科）

(2) 菸夜蛾〔Tobacco budworm, *Helicoverpa assulta* (Guenée)〕（鱗翅目：夜蛾科）

(3) 小地老虎〔Black cutworm, *Agrotis ypsilon* (Hufnagel)〕（鱗翅目：夜蛾科）

(4) 番茄夜蛾〔Cotton bollworm, *Helicoverpa armigera* (Hübner)〕（鱗翅目：夜蛾科）

(5) 馬鈴薯塊莖蛾〔Potato tuber moth, *Phthorimaea operculella* (Zeller)〕（鱗翅目：麥蛾科）

刺吸式口器昆蟲為：

(1) 桃蚜〔Green peach aphid, *Myzus persicae* (Sulzer)〕（半翅目：常蚜科）

(2) 菸草粉蝨〔Tobacco whitefly, *Bemisia tabacci* (Gennadius)〕（半翅目：粉蝨科）

(3) 南方綠椿象〔Southern green shield bug, *Nezara viridula* (L.)〕（半翅目：椿科）

被害蟲危害的菸草植物的主要部分是葉片，該部分恰好是唯一具有經濟重要性的植株部分。因此，對菸葉的任何損害都具有經濟意義。

以上所有昆蟲種類都是多食性的。前四種是高度雜食性的，以大量作物和非作物植物物種為食。迄今為止，馬鈴薯塊莖蛾僅限於馬鈴薯和菸草等茄科植物物種，但對馬鈴薯危害更為嚴重。番茄夜蛾的生物學和管理在蔬菜害蟲（第十二章）和棉花害蟲（第十九章）的章節中介紹。

一、斜紋夜蛾（*Spodoptera litura*）

此為一種高度多食性害蟲，以一百多種寄主植物為食。發生在世界各大洲。

生物學：幾十個成群的卵產在葉片上，上覆蓋黃褐色毛（圖 25-1）。產卵期

在成蟲羽化後 6-8 天。卵在 2-3 天內孵化，幼蟲迅速散布在整個植物中。較老齡的幼蟲在夜間覓食，白天掉落在植物底部的土壤上。幼蟲可以成群的從一塊農田遷移到另一塊農田。幼蟲期 6 齡，老熟後會在靠近寄主植物的土壤中化蛹。蛹期長達 7-10 天。剛羽化的雌成蟲在一生中交尾三至四次，雄性交配十次。

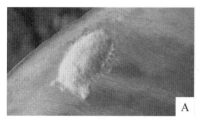

圖 25-1. 斜紋夜蛾。(A) 卵塊（溫宏治教授提供）；(B) 幼蟲；(C) 成蟲。

危害狀：幼蟲是暴食者，吞噬大面積的葉片。當幼蟲族群數量較多時，此攝食行為會導致完全去葉。

管理：因本害蟲是多食性的，使得此害蟲的管理相當困難。世代的快速更替加上每代有大量幼蟲，需要迅速採取行動來管理此害蟲。包括監測害蟲發生，在宜監測新羽化的成蟲時，大量使用性費洛蒙誘引以及施用當地推薦的殺蟲劑劑量的綜合方法，將有助於減少害蟲的危害。

二、菸夜蛾（*Helicoverpa assulta*）

菸夜蛾是非洲、亞洲和大洋洲茄科植物中破壞性最強的害蟲之一，是一種多食性昆蟲，其寄主植物包括菸草、辣椒、番茄等，是該害蟲的主要寄主植物。

生物學：菲律賓的昆蟲學家（del Pedro and Morallo-Rejesus, 1980）在實驗室條件下，研究了玉米植株上的菸夜蛾生物學。

產卵：成蟲從蛹中羽化後 3-4 天開始交尾。雌成蟲在交尾後一天產卵，產卵高峰發生在第 5-7 天。卵產在葉片上。每隻雌蛾產卵數從 80-859 粒不等，平均每隻雌蛾產卵 219 粒。卵球形，基部扁平。卵殼有一系列縱向脊和凹陷。卵單產在葉片上，最初卵是蘋果綠色。

幼蟲：幼蟲 6 齡，總幼蟲期 27 天。幼蟲體色一般為 1 齡赭黃色，到 6 齡時變為棕黃色、深藍綠色至近黑色。幼蟲在取食菸草後數小時後體色會變深。

蛹：蛹腹部呈淺褐色，胸部腹面呈亮蘋果綠色。隨著蛹的成熟，顏色從棕色變為深棕色。最寬處的平均直徑為 4.02 毫米，長度為 13.05 毫米。蛹近卵形，前部圓形，腹部近半梭形。在室溫下，蛹期從 8-15 天不等。

成蟲：雄成蟲翅展為 21-33.05 毫米，雌成蟲為 30.0-34.5 毫米。雄成蟲呈綠黃色至金褐色，雌成蟲呈橙色至橙褐色，雄成蟲壽命為 2-13 天，雌成蟲為 9 天和 11 天（圖 25-2，並見附錄）。

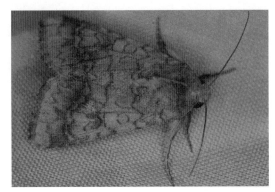

圖 25-2. 菸葉蛾成蟲。

危害狀：幼蟲在葉片中取食會導致葉片薄層（leaf lamina）大量切割，從而減少用於光合作用的葉片面積，降低生長並降低菸葉產量。乾葉是銷售的最終產品。因此，以葉片為食的昆蟲會導致直接的產量損失。

管理：作為表面攝食者，菸葉蛾的幼蟲受到幾種幼蟲寄生蜂和捕食天敵種類的攻擊。寄生蜂包括廣大腿小蜂（*Brachymeria lasus*）、條斑螟小繭蜂（*Bracon hebetor*）、*Bracon gelechiae*、棉鈴蟲齒唇姬蜂（*Campoletis chlorideae Uchida*）、螟黃赤眼蜂（*Trichogramma chilonis*）。主要捕食天敵物種是草蛉屬（*Chrysopa* spp.）、瓢蟲屬（*Coccinella* spp.）、*Nebis* spp.、小花椿屬（*Orius* spp.）和黑點瘤姬蜂屬（*Xanthopimpla* spp.）。殺蟲劑是慣常使用的，當有效時，這些殺蟲劑可以有效減少害蟲的危害。應對照當地的建議，並按照當地政府當局的指示使用殺蟲劑。與其他攻擊棉花的 *Helicoverpa* spp. 相似，有可能開發出蘇力菌轉基因菸草來管理此害蟲。

三、小地老虎（*Agrotis ipsilon*）

此鱗翅目昆蟲是高度雜食性的，以蔬菜、豆類如大豆、菜豆、豌豆、扁豆、芥菜、玉米、葫蘆科植物的營養部分為食。牠喜歡危害苗期的幼苗（圖 25-3）。

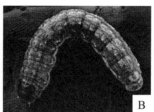

圖 25-3. 小地老虎。(A) 蛹；(B) 幼蟲；(C) 成蟲。

生物學：與大多數其他蛾類一樣，成蛾夜行性。雌蛾單獨產卵或成群產卵多達 30 個。卵產在葉下表面，但有時也可以在葉柄上。卵在 3-4 天內孵化，幼蟲向下移動到土壤中，白天停留在那裡。在夜間，出來取食幼苗的下部葉片。依溫度而定，幼蟲期 4-5 週。成熟的幼蟲在土壤表面以下 2-10 公分深度的土壤中化蛹。蛹期 12-15 天。每年可能有數代，具體取決於溫度。

危害狀：小地老虎主要是從苗期開始危害的農作物害蟲。作為鱗翅目，幼蟲具有咀嚼式口器。在夜間，幼蟲從土壤中出來，在地面上切割幼苗，並將其拖入隧道食用。如果植物已經長大，幼蟲會爬上幼苗並以地上植物部分為食。

管理：由於幼蟲和蛹棲息在土壤中，因此避免在已知有小地老虎危害歷史的土地上種植任何作物，也需避免在曾種植過長期牧草作物（如：紫花苜蓿和苜蓿）的土壤上種植作物。收成後整地，可將蛹帶到土表，可以被鳥類捕食。分別透過小地老虎誘餌和性費洛蒙監測幼蟲和成蟲。保育天敵和寄生蜂將有助於減少害蟲數量。如果必須，只使用當地政府推薦的殺蟲劑。

四、番茄夜蛾 （*Helicoverpa armigera*）

關於番茄夜蛾（圖 25-4）的生物學、危害狀和管理措施的詳細資料，請參見第十二章蔬菜害蟲。

圖 25-4. 番茄夜蛾（溫宏治教授提供）。

五、馬鈴薯塊莖蛾 （*Phthorimaea operculella*）

關於馬鈴薯塊莖蛾的生物學、危害狀和管理措施的詳細資料，請參見第十六章馬鈴薯害蟲。

六、桃蚜 （*Myzus persicae*）

關於桃蚜（圖 25-5）的生物學、危害狀和管理措施的詳細資料，請參見第十二章蔬菜害蟲、第十六章馬鈴薯害蟲。

圖 25-5. 桃蚜。(A) 有翅與無翅成蟲；(B) 危害狀（溫宏治教授提供）。

七、菸草粉蝨（*Bemisia tabacci*）

關於菸草粉蝨（圖 25-6）的生物學、危害狀和管理措施的詳細資料，請參見第十九章棉花害蟲。

圖 25-6. 菸草粉蝨。(A) 成蟲；(B) 成蟲與若蟲；(C) 危害狀。

八、南方綠椿象（*Nezara viridula*）

關於南方綠椿象（圖 25-7）的生物學、危害狀和管理措施的詳細資料，請參見第十七章豆科作物害蟲。

圖 25-7. 南方綠椿象（溫宏治教授提供）。

第二十六章

倉庫害蟲

　　在穀物和豆類作物中，種子是人類的食物來源。採收後，種子將以各種材質製成的大容器或袋子保存數週甚至數月，其中部分容器並非能防蟲的。同時，有一些昆蟲是田間種子的害蟲，這些昆蟲將與種子一起進入倉庫貯存、繁殖並造成損害。在倉庫中，昆蟲可以靠散落的種子過活，但有更多種子要進倉庫貯存時，牠們就以新鮮的種子為食。

　　較常見的倉貯穀物害蟲是：米象〔*Sitophilus oryzae* (L.)〕、大穀蟲〔*Sitophilus granarium* (L.)〕、擬穀盜〔*Tribolium castaneum* (Herbert)〕、扁擬穀盜〔*Tribolium confusum* (Duval)〕、穀蟲〔*Rhizopertha dominica* (F.)〕、麥蛾〔*Sitotroga cerelella* (O.)〕、外米綴蛾〔*Corcyra cepalonica* (S.)〕、豆象〔綠豆象，*Callosobruchus chinensis* (L.)〕和四紋豆象〔*Callosobruchus maculatus* (F.) 和 *C. analis* (F.)〕。

一、米象（*Sitophilus oryzae*）、大穀蠹（*S. granarium*）（鞘翅目：象鼻蟲科）

　　兩種象鼻蟲體型大小都相似（3 毫米），體圓柱狀和棕紅色。幼蟲是白色的，頭棕色到淡黃色（圖 26-1）。

　　生物學：米象從 4-10 月很活躍，但冬天時，成蟲在倉庫小麥／米袋中冬眠。卵產在雌成蟲所造成的凹陷處，產卵孔被黏液密封。雌性可產到 400 粒卵，1 週後卵會孵化，幼蟲直接蛀入種子取食並發育至成熟，且在米粒內化蛹，蛹期 1-2 週。接著，象鼻蟲成蟲將穀粒切開而冒出來。成蟲可存活 4-5 個月，此蟲一年可以完成 3-4 代。儘管米象偏好稻米為食，但牠與相關物種大穀蠹一樣可以取食小麥、玉米和其他穀物。

　　危害狀：除了稻米外，此種象鼻蟲還以小麥與玉米為食。幼蟲和成蟲都會透過破碎和挖空穀粒而造成損害，牠們破壞的穀物量比取食多，在田間也能發現這種昆蟲挖空稻米種子。

圖 26-1.　米象。(A) 危害稻米；(B) 成蟲。

二、擬穀盜（*Tribolium castaneum*）（鞘翅目：擬步行蟲科）

　　此昆蟲在世界各地都有發現。有擬穀盜（*Tribolium castaneun*）和扁擬穀盜（*T. confusum*）兩種。兩種害蟲的危害和寄主範圍相似，兩者之間的形態差異很小；擬穀盜體型大於扁擬穀盜；且觸角逐漸向頂端漸漸變大，不同於扁擬穀盜的頂端突然變大。擬穀盜的翅不能起作用、無法飛翔，相反的，扁擬穀盜是活躍的飛行者。擬穀盜的卵要比扁擬穀盜的卵小很多。

　　兩種的寄主範圍相似，都喜歡以小麥粉為食，但亦可以小麥穀粒、乾果、穀物產品和豆類種子為食。

　　生物學：兩種都在熱帶北半球的 4-10 月之間繁殖，以成蟲（圖 26-2）方式在嚴冬中存活。在春季末期和整個夏季，成蟲從蛹中出來後，不久便開始交尾。雌蟲在穀物或其他食品中，甚至是排泄物中產下圓柱形、白色、透明的卵。剛產下的卵具黏性表面，會導致地板或灰塵顆粒黏附在卵

圖 26-2. 擬穀盜。

上，雌性產下的卵數從 327-956 粒不等（Srivastava and Dhaliwal, 2012），卵期 4-10 天。幼蟲蛻皮 6-7 次，在 30℃ 下 22-25 天內會成熟。化蛹發生在幼蟲取食的麵粉中，蛹黃色有毛，蛹期在夏季 3-4 週。

　　危害狀：成蟲和幼蟲都以麵粉為食，兩種昆蟲的損害都可能與穀蟲和米象同時發生。後兩種的取食導致產生小塊穀物，能讓擬穀盜幼蟲食用。遇潮溼月分時，害蟲的危害更為嚴重；較高的相對溼度有助於其發展。嚴重危害會導致麵粉變灰色，昆蟲在其中蛻皮，產生刺鼻的氣味，使此物質不適合人類食用。

三、穀蠹（*Rhyzopertha dominica*）（鞘翅目：長蠹蟲科）

穀蠹起源於南亞，但現在遍布世界各地。成蟲金屬黑褐色，具有頭罩狀的前胸背板。觸角 10 節。成蟲是有力的飛行者，可以從一個穀倉飛到另一個穀倉。幼蟲灰白色，頭長 3 毫米，頭淺褐色。

生物學：穀蠹在溫暖的季節（3-11月）繁殖，從 12-2 月進行休眠。雌蟲從 4 月開始產卵，產卵期 25-55 天，每天產下 5-20 粒卵，總計 300-400 粒卵，分批將卵產在排泄物中或黏在種子上，卵期 5-9 天。孵化後，幼蟲會爬行，以穀物顆粒為食，進入穀物並在內部取食。幼蟲蛻皮 4-5 次，並在 4-8 週內完全發育。在幼蟲取食的種子內，或穀物粉屑

圖 26-3. 穀蠹。

內度過 7-8 天的蛹期，新羽化的成蟲在種子穿過穀粒冒出來前，仍留在取食的種子裡面。成蟲在夏季最多可以生活 1 個月，每年有 5-6 代（圖 26-3）。

危害狀：穀蠹在種子內取食留下殼（husk）。第 1 齡幼蟲身體直，蛀入種子取食。後來的齡期體彎曲，無法蛀入種子內。依賴成蟲所產生之粉末為食。因而受損之種子只剩殼，要磨粉的稻米品質嚴重受害。

四、小紅鰹節蟲（穀斑皮蠹，*Trogoderma granarium*）（鞘翅目：鰹節蟲科）

此蟲在南亞和歐洲國家具有很高的破壞力。透過穀物貿易，牠已經擴散到其他地區。小紅鰹節蟲成蟲是頭縮入的小黑褐色甲蟲，幼蟲是棕色的，身體上有毛和黃褐色的條帶（圖 26-4）。成蟲不具飛行力，在成年階段，雄成蟲體型為雌成蟲的一半。

生物學：本蟲於一年中的溫暖月分活躍，在北半球為 4-10 月。從 11-3 月，牠在貯藏室牆壁或地板的裂縫中，以幼蟲形式進行冬眠。

卵單獨或成小堆產在種子上，在產卵期的 1-7 天中，小紅鰹節蟲雌蟲每天產下 1-26 粒卵。卵期 4-10 天後，幼蟲孵化。幼蟲以穀物（尤其是小麥）為食，並在 24-40 天內完全發育。化蛹於末齡幼蟲的外皮上，蛹期 4-6 天，從 4-10 月有 4-6 代。

危害狀：本蟲是小麥倉貯的主要害蟲。牠還以高粱、燕麥、稻米、大麥、玉米、亞麻仁、開心果、核桃和其他類似產品為食。幼蟲和成蟲均造成損害，尤其是在 7-10 月期間。幼蟲在種子的胚胎區附近取食，並且極具破壞性。在大型倉庫中，昆蟲的攝食僅限於穀物堆上層的 50 公分，可耐溫度、溼度和飢餓。牠們在沒有食物的情況下，仍可以存活幾個月，因此本蟲很難防治。

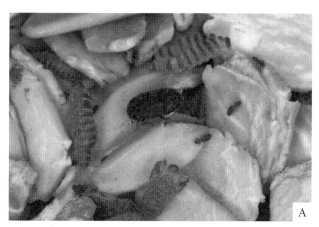
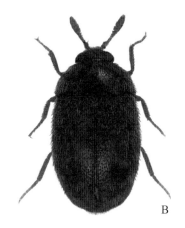

圖 26-4. 穀斑皮蠹。(A) 幼蟲和成蟲危害穀物；(B) 成蟲。

五、麥蛾（*Sitotroga cerelella*）（鱗翅目：麥蛾科）

此種倉貯穀物害蟲遍布世界各地，外型為淺黃色的蛾，翅展 10-12 毫米（從翅的第一尖端到翅處於伸展位置的第二尖端）。成熟幼蟲長 5 毫米，頭白色，帶黃褐色。

生物學：本蟲在每年 4-10 月的溫暖氣候下很活躍。冬天以幼蟲形式冬眠，在春季，隨著溫度升高，幼蟲化蛹。成蟲出現後，會在 24 小時內開始交尾（圖

26-5，見附錄），雌性在穀物附近單產或成批產卵。剛產下的卵，卵小、呈白色，但隨著胚胎成熟而變紅。雌蛾在交配後 6-8 天內可產下約 150 粒卵，剛孵化的幼蟲鑽入穀粒，並以穀粒為食，幼蟲期 18-24 天。幼蟲由取食而形成的洞，在繭內化蛹，每年可能有幾代。

危害狀：從春季中旬到秋季中旬，幼蟲都以小麥、玉米、高粱、大麥和其他類似穀物的種子為食。散裝穀物貯存的上層尤其遭受更大的危害，在上層 50-100% 的穀物被此害蟲破壞。受損的種子看起來不健康，且氣味難聞。昆蟲鱗片覆蓋了貯存穀物的上表面。

六、外米綴蛾（*Corcyra cephalonica*）（鱗翅目：旋蛾科）

外米綴蛾分布在亞洲、非洲、北美和歐洲。

生物學：此種淡灰棕色的飛蛾活躍於 3-11 月。冬季時，本蟲的攝食活性大大降低。2 月幼蟲化蛹，3 月出現成蛾。在沒有冬季的真正熱帶地區，本蟲全年都活躍。成蛾在穀物、裝有穀物的袋子或貯藏室中的其他物料上產卵，每一堆為 3-5 粒。雌成蟲約 2-4 天中，可產下 60-150 粒卵。在 4-7 天後卵孵化，幼蟲會在被保護的網狀絲綢繭中取食。幼蟲在 20-40 天內經歷 5 齡，此後，幼蟲會在被破壞的種子中製作絲繭化蛹，蛹期 10-15 天。成蟲活躍 1 個星期，一個生命週期可持續 35-50 天，具體取決於溫度，每年有 6 代（圖 26-6，見附錄）。

危害狀：昆蟲以稻米、玉米、高粱、花生和棉花的種子為食，幼蟲在保護性絲網下進食。進入穀倉的穀物可能被幼蟲產生的大量絲網覆蓋，受損的穀物會產生特殊的惡臭，使整個倉貯穀物不適合人類食用。

七、豆象 （*Callosobruchus chinensis*） 和四紋豆象 （*C. maculatus, C. analis*） （鞘翅目：豆象科）

豆象 （圖 26-7） 屬於鞘翅目豆象科 （Bruchidae） 甲蟲的通稱。該科的三個主要種類是專食性昆蟲，以豆科植物的種子爲食，這三種都是透過糧食穀物的國際間貿易而廣泛分布的。此三種害蟲的幼蟲直接以豆類種子爲食，這些豆類種子被採收並貯存在家庭貯藏設施或大型倉庫中。除了取食種子的直接危害外，因昆蟲身體部位碎片殘留，降低了穀物的銷售。

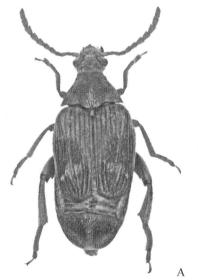
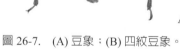

A   B

圖 26-7. (A) 豆象；(B) 四紋豆象。

寄主植物有菜豆 （*Phaseolus vulgaris*） 、豇豆 （*Vigna unguiculata*） 、綠豆 （*V. radiata*） 或長豇豆 （*V. unguiculata* ssp. *sesquipedalis*） 、木豆 （*Cajanus cajan*） 、鷹嘴豆 （*Cicer arientinum*） 、烏頭葉豇豆 （*V. aconitifolia*） 、豌豆 （*Pisum sativum*） 等豆科植物。

生物學：豆象成蟲在倉貯的豆類種子上產卵，牠們也進入豆田，並在成熟的豆莢上產卵。卵爲卵形，白色，單產於種子或成熟豆莢中。雌成蟲產卵數從 120-150 粒不等。卵在 4-5 天內孵化，幼蟲開始鑽過種皮並進入子葉。若成蟲在田裡

正成熟的豆莢產卵，從卵中孵化的幼蟲會穿過種皮，以正在發育的種子為食。收穫後，已受到危害的種子會將昆蟲帶入貯存區，在倉庫裡，從種子中鑽出的成蟲開始危害。

幼蟲在種子內部進食，並在取食隧道中化蛹。幼蟲在夏季生長較快，在冬季則明顯減慢。蛹在寄主種子內發育。從蛹羽化後，成蟲推開種子的薄層外膜出現。如果在田間發生危害，則在乾燥的豆莢上可以看到成蟲的出口孔。在真正的熱帶地區，豆象可以在倉貯的種子中完成 8-14 代。

危害狀：自卵孵化不久後，幼蟲就穿透種皮蛀入種子，開始取食裡面的子葉並躲藏其中。當成蟲逃離種子時，其損害就顯而易見。此危害狀常見於三種豆象。受害種子不適合人類食用，直接造成產量損失。如果將此類種子貯存在通風不良的房間中，黴菌會在此類種子上生長，它散發出難聞的氣味，因此並不適合人類食用。在農場與住宅相鄰的農村地區，豆象可以從貯存區逃走，並在成熟的綠豆莢上產卵，從這種危害中發育的幼蟲，將在種子內發育成成蟲。當採收此作物並貯存種子時，那些成蟲會鑽出來，並在整個貯存區擴散危害。

八、倉庫害蟲之管理

（一）種子澈底乾燥後再貯存

所有植食性昆蟲都藉由取食植物來獲取水分，植物組織的水分足以維持其生存和繁殖。昆蟲以貯存的種子為食，其水分必須來自種子寄主，含水量為 8-13% 的種子適合於任何穀物害蟲。因此，將種子乾燥至水分含量低於 5.5%，將有助於減少任何昆蟲（包括豆象）的危害。收穫後不久，應將種子澈底乾燥，並將其貯存在防潮容器中，例如：襯有塑料的塑膠袋，或密封的金屬容器中，以確保種子不受損壞。這種簡單的防治措施對所有種子穀物和害蟲都是有用的。

（二）表面處理

在布網袋、黃麻袋或塑膠袋中貯存種子，是一種用於貯存穀物的常見做法。貯存前，在此類袋子表面噴灑殺蟲劑，有助於減少昆蟲進入袋子，並保護內部穀物，建議只噴灑政府推薦的殺蟲劑。

（三）熏蒸

熏蒸通常用在室溫下揮發的液態有毒化學物質，此化學物質蒸發，其有毒的蒸氣充滿整個貯藏室，並穿透種子之間的空隙，殺死從種子間移動，甚至躲藏於種子內部的昆蟲。此類農藥更適合貯存在金屬桶或任何不透氣盒內的穀物。熏蒸劑無味，必須格外小心。

（四）將化學農藥與穀物混合

有一些較安全的農藥如除蟲菊精，可以與穀物混合並安全地貯存。天然的除蟲菊精比任何農藥更具安全性。印棟（*Azadirachta india*）種子粉亦是安全的材料，可以與穀物混合，依據貯存溫度，最多可以貯存 6 個月。貯藏後之種子應在開放空間乾燥，直到印棟的氣味消失爲止。此種處理對於下一個季節必須保留播種的種子很有用。貯存前澈底乾燥種子，是保護種子穀物的最便宜、最安全之處理方法。

索引

第九劃

第十劃

附錄—補充圖片

第十一章　水稻害蟲

圖 11-2　水稻水象鼻蟲（*Lissorhoptrus oryzophilus*）
https://www.google.com/search?q=Lissorhoptrus+oryzophilus&client=firefox-b-d&s
ource=lnms&tbm=isch&sa=X&ved=2ahUKEwjA8u6l57vuAhUhG6YKHSo_A8IQ_
AUoAnoECAQQBA&biw=1024&bih=629

圖 11-10　黑椿象（*Scotinophara lurida*）
https://www.google.com/search?q=Scotinophara+lurida&tbm=isch&ved=2ahUKEwj
itaXx6bvuAhX0JqYKHWl6BTAQ2-cCegQIABAA&oq=Scotinophara+lurida&gs_lc
p=CgNpbWcQAzIECAAQE1CctQRYnLUEYNe5BGgAcAB4AIABN4gBN5IBAT
GYAQCgAQGqAQtnd3Mtd2l6LWltZ8ABAQ&sclient=img&ei=_jURYOK-OfTNm
AXp9JWAAw&bih=629&biw=1024&client=firefox-b-d

圖 11-12　稻心蠅（*Hydrellia sasaki*）
https://www.google.com/search?q=Hydrellia+sasaki&client=firefox-b-d&source
=lnms&tbm=isch&sa=X&ved=2ahUKEwifurXG6rvuAhXbwosBHYQMABkQ_
AUoAXoECAQQAw&biw=1024&bih=629

圖 11-13　水稻負泥蟲（*Oulema oryzae*）
https://www.google.com/search?q=Oulema+oryzae&tbm=isch&ved=2ahUKEw
ig4oz56rvuAhWQzIsBHcyhCPAQ2-cCegQIABAA&oq=Oulema+oryzae&gs_
lcp=CgNpbWcQDDIECAAQGFDmVljmVmC-XmgAcAB4AIABNYgBNZIBATG
YAQCgAQGqAQtnd3Mtd2l6LWltZ8ABAQ&sclient=img&ei=GzcRYODoLZCZr7
wPzMOigA8&bih=629&biw=1024&client=firefox-b-d

第十六章　馬鈴薯害蟲

圖 16-1　馬鈴薯塊莖蛾（*Phthorimyia operculella*）
https://www.google.com/search?q=phthorimaea+operculella&sxsrf=ALeKk026f0ja5
3DFk5U004JoLad2cAg6-g:1603957858943&tbm=isch&source=iu&ictx=1&fir=....

圖 16-3　棉蚜（*Aphis gossypii*）

https://www.google.com/search?sxsrf=ALeKk03Dqi6XITl48cb7bteOfndUDD55Bg:
1603958886538&source=univ&tbm=isch&q=Aphis+gossypii,+potato&sa= .....

圖 16-5　豆蚜（*Lipaphis craccivora*）

https://www.google.com/search?sxsrf=ALeKk01emurJt8mO54wAwpA5G7bmqgV
hgA:1603959485564&source=univ&tbm=isch&q=Lipaphis+craccivora&sa=X&v
ed=....

圖 16-6　偽菜蚜（*Lipaphis erysimi*）

https://www.google.com/search?sxsrf=ALeKk02HsEaqeZD_1SPYx9iSNWHeWL-
BRA:1603959621867&source=univ&tbm=isch&q=Lipaphis+erysimi,+potato&sa=...

第十八章　甘蔗害蟲

圖 18-1　蔗螟（*Scirphophaga nivella*）

https://www.google.com/search?q=Scirpophaga+nivella&sxsrf=ALeKk03GcWYwQ
0nf755z5HycekgdblXeug:1603964264369&tbm=isch&source=iu&ictx=1&fir=...

圖 18-2　條螟（*Chillo infuscatellus*）

https://www.google.com/search?q=Chilo+infuscatellus,+sugarcane&sxsrf=ALeKk01
1FxbfZe2ZPgbrZ8zBHxQPh8EOCw:1603964455010&tbm=isch&source=iu&...

圖 18-4　大螟（*Sessamia inferens*）

https://www.google.com/search?q=sesamia+inferens&sxsrf=ALeKk03tDXCsyN9Ez
NPTG-VsJMWcwXcB3w:1603964762019&tbm=isch&source=iu&ictx=1&fir=...

圖 18-5　甘蔗根蛀蟲（*Emmelocera depressella*）
https://www.google.com/search?sxsrf=ALeKk01fpkkl6iKiFw5w8OFdCHzgtfQoyA
:1603964928078&source=univ&tbm=isch&q=Emmalocera+depressella&sa=X&v
ed=......

圖 18-6　蔗莖條螟（*Chilo sacchariphagus indicus*）
https://www.plantwise.org/knowledgebank/datasheet/44558

圖 18-8　甘蔗粉介殼蟲（*Saccharicoccus sacchari*）
https://www.google.com/search?q=Saccharicoccus+sacchari&source=lnms
&tbm=isch&sa=X&ved=2ahUKEwiixvSKwr3uAhVBK6YKHQefDhYQ_
AUoAXoECA0QAw&biw=1024&bih=629

第十九章　棉花害蟲

圖 19-1　紅鈴蟲（*Pectinophora gossypiella*）
https://www.google.com/search?q=pectinophora+gossypiella&sxsrf=ALeKk027ITa7
kCWcnMr_uwPN8cU6ICUQVw:1604031468713&tbm=isch&source=iu&ictx=1&f
ir=..........

圖 19-2　斑點棉鈴蟲（*Earias insulana*）
https://www.plantwise.org/knowledgebank/datasheet/20307

圖 19-3　番茄夜蛾（*Helicoverpa armigera*）
https://en.wikipedia.org/wiki/Helicoverpa_armigera

第二十章　果樹害蟲

圖 20-8　香蕉假莖象鼻蟲（*Odoiporus longicollis*）
https://www.plantwise.org/knowledgebank/datasheet/37043

圖 20-9　香蕉球莖象鼻蟲（*Cosmopolites sordidus*）
http://entnemdept.ufl.edu/creatures/fruit/borers/banana_root_borer.htm

第二十一章　蘋果害蟲

圖 21-3　金紋細蛾（*Phyllonoryster ringoniella*，
　　　　　同物異名 *Lithocollectis ringoniella*）
https://www.gracillariidae.net/species/show/2527

第二十二章　桃樹害蟲

圖 22-1　桃蛀蟲（*Synathedon exitiosa*）
https://en.wikipedia.org/wiki/Synanthedon_exitiosa

圖 22-3　小桃樹蛀蟲（*Synanthedon pictipes*）
https://taieol.tw/pages/24091/taxonomy
https://en.wikipedia.org/wiki/Synanthedon_pictipes

圖 22-4　桑擬白輪盾介殼蟲（*Pseudaulacapsis pentagona*）
https://www.insectimages.org/browse/detail.cfm?imgnum=1122021
https://www.cabidigitallibrary.org/doi/10.1079/cabicompendium.45077

第二十三章　梨樹害蟲

圖 23-1　梨木蝨（*Cacopsylla chinensis*）
https://scholars.tari.gov.tw/bitstream/123456789/5659/1/publication_no152_08.pdf

圖 23-2　梨瘤蚜（*Aphanostigma jakusuiensis*）
https://catalog.digitalarchives.tw/item/00/65/a5/f2.html

圖 23-3　梨莖葉蜂（*Janus piri*）
https://www.google.com/search?q=Janus+piri+&tbm=isch&ved=2ahUKEwil3M_3i
br_AhURx2EKHRHKB44Q2-cCegQIABAA&oq=Janus+piri+&gs_lcp=CgNpbWcQ
DFAAWABg4BNoAHAAeACAAWOIAWOSAQExmAEAoAEBqgELZ3dzLXdpei
1pbWfAAQE&sclient=img&ei=8SSFZOWfFpGOhwORlJ_wCA&bih=466&biw=10
26#imgrc=cOT0iUNJW02daM

圖 23-4　梨實蜂（*Hoplocampa brevis, H. pyricola*）
https://baike.baidu.com/item/%E5%8F%B6% E8%9C%82/1059617

圖 23-5　康氏粉介殼蟲（*Pseudococcus comstocki*）
https://www.cabidigitallibrary.org/doi/10.1079/cabicompendium.45084

圖 23-6　日本梨蚜（*Scizaphis spiricola*）
https://zookeys.pensoft.net/article/21599/

第二十四章　李樹害蟲

圖 24-1　李象鼻蟲（*Conotrachelus nemuphar*）
https://gd.eppo.int/taxon/CONHNE

圖 24-2　光管舌尾蚜（*Brachycaudus helichrysi*）
https://en.wikipedia.org/wiki/Brachycaudus_helichrysi

第二十五章　菸草害蟲

圖 25-2　菸夜蛾（*Helicoverpa assulta*）
https://twmoth.tesri.gov.tw/peo/FBMothInfo/33353

第二十六章　倉庫害蟲

圖 26-5　麥蛾（*Sitotroga cerelella*）
https://www.google.com/search?q=Sitotroga+cerealella&source=lnms&t
bm=isch&sa=X&ved=2ahUKEwiNwaCBy73uAhWVyYsBHa5rC0YQ_
AUoAXoECAQQAw&biw=1024&bih=629

圖 26-6　外米綴蛾（*Corcyra cephalonica*）
https://www.google.com/search?q=corcyra+cephalonica&sxsrf=ALeKk02SG9LM_
IuQDJwjDU1x3Kb6wKXqXw:1604306061925&tbm=isch&source=iu&ictx=1&f
ir=......

參考文獻

Beers, E. H., S. D. Cockfield, and L. Gantijo. 2010. Seasonal phenology of wooley apple aphid (Hemiptera: Aphididae) in Central Washington. *Environ. Entomol. 39*(2): 286-294.

Bostanian, N. J., C. Vincent, G. Chouinard, and G. Racette. 1999. Managing apple maggot, *Rhagoletis pomonella* (Diptera: Tephriticidae) by perimeter trapping. *Phytoprotection. 86*(1): 21-33.

Cancelado, R. E., and E. B. Radcliffe. 1979. Action thresholds for potato leafhopper on potatoes in Mennesota. *J. Econ. Entomol. 72*: 566-569.

Dek Pedro, L. B., and B. Morallo Rejesus. 1980. Biology and feeding preferences of tobacco budworm, *Helicoverpa assulta* (Guenee). *Ann. Trop. Res. 1*:135-141.

Grist, D. H., and R. J. A, W. Lever. 1969. *Pests of rice*, London, Longman, 520 pp.

Gibson, R. W. 1971. Glandular hairs providing resistance to aphids in certain wild potato species. *Ann. Appl. Biol. 68*: 113-119.

Gibson, R. W., and R. H. Turner. 1977. Insect trapping hairs in potato plants. *Pest Articles and News Summaries. 23*: 22-27

Gibson, R. W., and J. A. Pickett. 1983. Wild potato repels aphids by release of aphid alarm pheromone. *Nature. 302*: 608-609.

Gregoty, P., W. M. Tingey, D. A. Ave, and P. Bouthyette. 1986. Potato glandular trichomes: A. physiological mechanism against insects. In: *M. B. Green, and P. A. hedin (eds.) Natural Resistance of Plants to pests*. Role of allelochemicals. ACS Symposium Series 296. American Chemical Society, Washington, D. C. pp. 160-167.

Gullan, P. J., and P. S. Cranston. 2014. *The insects: an outline of entomology*, Wiley Blackwell publishers, Chichester, UK, 595 pp.

Heinrich, E. A. 1980. Development of rice insect pests management components at International Rice Research Institute. *Plant Prot. Bull.* (Taiwan). *22*: 201-214.

Imms, A. D. 1963. *A general text book of entomology*, Revised by O. W. Richards and

R. G. Davies. Asia Publishing House, Bombay, India, 886 pages.

Imms, A. D. 1967. *Outline of Entomology*. Revised by O. W. Richards, and R. G. Davies. Methuen Co. Ltd., 224 Pages.

Metcalf, R. L. 1980. Changing role of insecticides in crop protection. *Ann. Rev. Entomol. 25*: 219-256.

Nanne, H. W., and E. B. Radcliffe. 1971. Green peach aphid populations on potatoes enhanced by fungicides. *J. Econ. Entomol. 64*: 1569-1570.

Newson, L. D., and M. D. Swanson. 1962. Treat seed to stop rice water weevil. *Lousiana Agric. 5*: 4-5.

Pajak, I., I. Pejic, and R. Baric. 2011. Codling moth *Cydia pomonella* (Lepidoptera: Torticidae) – major pest in apple production: an overview of its biology, resistance, genetic structure and control strategies. *Agriculturae Conspectus Scientificus. 76*(2): 87-92.

Radcliffe, E. B. 1982. Insect pest of potato. *Ann. Rev. Entomol. 27*: 173-204.

Rakasart, P., and P. Tugwell. 1975. Effect of temperature and development of rice water weevil eggs. *Environ. Entomol. 4*: 543-544.

Raman, K. V., and E. B. Radcliffe. 1992. Pest aspects of potato production, Part 2. Pests. In: Harris P. M. (ed.). *The potato crop, Scientific basis for improvement*, 2nd Edition, Chapkan & Hall, London, pp. 476-506.

Srivastava, K. P., and G. S. Dhaliwal. 2011. *A text book of applied entomology*, Kalyani Publishers, India.

Tsuzuki, H., and Y. Ishagawa. 1976. The occurrence of a new insect pest, the rice water weevil I Aichi Prefecture. *Plant Protec. 30*: 341.

Van Embden, H, F., V. S. Estop, H. A. Hughes, and M. J. Way. 1969. The ecology of *Myzus persicae, Ann. Rev. Entomol. 14*: 197-270.

國家圖書館出版品預行編目資料

應用昆蟲學：蟲害管理／N. S. Talekar（戴
樂楷），蕭文鳳著. -- 二版. -- 臺北市：
五南圖書出版股份有限公司，2025.02
面；　公分
ISBN 978-626-366-522-4（平裝）

1.CST: 昆蟲學

387.7　　　　　　　　　　112013712

5N36

應用昆蟲學──蟲害管理

作　　者 ─ N. S. Talekar（戴樂楷）、蕭文鳳

編輯主編 ─ 李貴年

責任編輯 ─ 何富珊

文字校對 ─ 温小瑩、石曉蓉

封面設計 ─ 姚孝慈

出 版 者 ─ 五南圖書出版股份有限公司

發 行 人 ─ 楊榮川

總 經 理 ─ 楊士清

總 編 輯 ─ 楊秀麗

地　　址：106台北市大安區和平東路二段339號4樓

電　　話：(02)2705-5066　　傳　　真：(02)2706-6100

網　　址：https://www.wunan.com.tw

電子郵件：wunan@wunan.com.tw

劃撥帳號：01068953

戶　　名：五南圖書出版股份有限公司

法律顧問　林勝安律師

出版日期　2021年 7 月初版一刷
　　　　　2025年 2 月二版一刷

定　　價　新臺幣480元

經典永恆・名著常在

五十週年的獻禮 ── 經典名著文庫

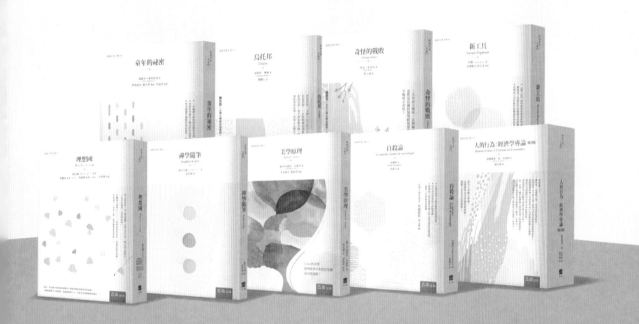

五南，五十年了，半個世紀，人生旅程的一大半，走過來了。

思索著，邁向百年的未來歷程，能為知識界、文化學術界作些什麼？

在速食文化的生態下，有什麼值得讓人雋永品味的？

歷代經典・當今名著，經過時間的洗禮，千錘百鍊，流傳至今，光芒耀人；

不僅使我們能領悟前人的智慧，同時也增深加廣我們思考的深度與視野。

我們決心投入巨資，有計畫的系統梳選，成立「經典名著文庫」，

希望收入古今中外思想性的、充滿睿智與獨見的經典、名著。

這是一項理想性的、永續性的巨大出版工程。

不在意讀者的眾寡，只考慮它的學術價值，力求完整展現先哲思想的軌跡；

為知識界開啟一片智慧之窗，營造一座百花綻放的世界文明公園，

任君遨遊、取菁吸蜜、嘉惠學子！